வாழை மரம்

வி.எஸ்.ரோமா

Copyright © V. S. Roma
All Rights Reserved.

This book has been self-published with all reasonable efforts taken to make the material error-free by the author. No part of this book shall be used, reproduced in any manner whatsoever without written permission from the author, except in the case of brief quotations embodied in critical articles and reviews.

The Author of this book is solely responsible and liable for its content including but not limited to the views, representations, descriptions, statements, information, opinions and references ["Content"]. The Content of this book shall not constitute or be construed or deemed to reflect the opinion or expression of the Publisher or Editor. Neither the Publisher nor Editor endorse or approve the Content of this book or guarantee the reliability, accuracy or completeness of the Content published herein and do not make any representations or warranties of any kind, express or implied, including but not limited to the implied warranties of merchantability, fitness for a particular purpose. The Publisher and Editor shall not be liable whatsoever for any errors, omissions, whether such errors or omissions result from negligence, accident, or any other cause or claims for loss or damages of any kind, including without limitation, indirect or consequential loss or damage arising out of use, inability to use, or about the reliability, accuracy or sufficiency of the information contained in this book.

Made with ♥ on the Notion Press Platform
www.notionpress.com

பொருளடக்கம்

1. வாழைமரம்   1

1

வாழைமரம்

───── ೲ ─────

மணிவாழை அல்லது கல்வாழை எனத் தமிழில் அழைக்கப்-படும் (canna lily) கன்னா வாழை இனத்தில் 10 வகையான பூக்கும் தாவரங்கள் உள்ளன. கன்னா, கன்னாசியே தாவரக் குடும்பத்திலுள்ள ஒரே சாதியாகும். மணிவாழைகளுக்கு நெருக்கமான வேறு தாவரங்கள், ஸிங்கிபெரேல்ஸ் வரிசையைச் சேர்ந்த இஞ்சிகள், வாழைகள், மராந்தாக்கள், ஹெலிகோனியாக்கள், ஸ்ட்ரெலிட்சியாக்கள் என்பனவாகும்.

இந்த வகைச் செடிகள் பெரிய கவர்ச்சியான இலைகளைக் கொண்டன. தோட்டக் கலைஞர்கள் பிரகாசமான நிறங்களுடன் கூடிய இவற்றை அலங்காரத் தாவரமாகப் பயன்படுத்துகிறார்கள். அத்துடன் இவை உலகின் முக்கியமான மாப்பொருள் மூலமாகவுள்ள வேளாண்மைப் பயிரும் ஆகும்.

1. வாழைக் கழிவுகள்

வாழைக் கழிவுகள் (biomass waste, banana crop residue, banana waste) எனப்படுவது வாழைப்பயிர் சாகுபடியில் வாழையின் வளர்ச்சிப்பருவங்களில் ஏற்படும் கழிவுகள், அறுவடையின்போது கிடைக்கும் கழிவுகள் மற்றும் அறுவடைக்குப்பின் சந்தைப்படுத்துதலின் போது

(வாழைப்பழத்தார்களிலிருந்து) ஏற்படும் எதற்கும் பயன்படாத கழிவுகளாகும்.இந்தக் கழிவுகள் ஆற்றல் (energy), கரி (biochar) மற்றும் உரம் தயாரிப்பதற்கும் பயன்படுத்தலாம்.

தமிழகத்தில் பூவன், கற்பூர வள்ளி, நெய்பூவன், ரஸ்தாளி, மொந்தன், நேந்திரன், செவ்வாழை, ரொபஸ்டா என பல தரப்பட்ட வாழை ரகங்கள் பயிரிடப்படுகின்றன. வாழைச் சாகுபடி நஞ்சை மற்றும் தோட்டக்கால் முறைகளில் செய்யப்பட்டு வருகிறது. ஆண்டுக்கு 298 லட்சம் தொன் வாழை உற்பத்தி செய்யும் பொழுது, 375 லட்சம் டன் அளவில், இலைச்சருகு, தண்டு, கிழங்கு, கொன் னைப்பகுதி போன்ற வாழைக் கழிவுகள் உருவாகின்றன.

வாழைக் கழிவுகள் மூன்று வகைப்படும்

பயிர் வளர்ச்சியின் போது கிடைக்கும் கழிவுகள் (trash)

அறுவடையின்போது கிடைக்கும் கழிவுகள் (biomass)

வாழைத்தார் மற்றும் பழத்திலிருந்து கிடைக்கும் கழிவுகள் (banana peel/வாழை தலாம்)

வாழை சாகுபடியில் வாழைக் கழிவுகளை விவசாயிகள் நிலத்திலிருந்து அப்புறப்படுத்த தீயிட்டு எரிக்கிறார்கள். இதனால் மண் மற்றும் சுற்றுச்சூழல் மாசுபடுவதுடன் ஊட்டச்சத்துக்கள் வீணாகின்றன.

வாழைக்கழிவுகளில் பேரூட்டச்சதுக்கள் (தழை, மணி, சாம்பல்) மற்றும் நுண்ணூட்டச்சத்துக்கள் உள்ளன குறிப்பாக சாம்பல் சத்து அதிக அளவில் உள்ளது.

வாழைக் கழிவுகளை மண்புழு மற்றும் இயற்கை உரமாக மாற்றிப் பயன்படுத்தலாம். ஒரு எக்டரிலிருந்து பெறப்பட்ட வாழைக் கழிவிலிருந்து தயாரிக்கப்படும் மண்புழு உரத்தில், ரூ.2,587 மதிப்புள்ள தழைச் சத்தும், ரூ.483 மதிப்புள்ள மணிச்சத்தும், ரூ.7,920 மதிப்புள்ள சாம்பல் சத்தும் உள்ளன. இத்தகைய வாழைக்கழிவு மண்புழு கம் போஸ்டை வாழை சாகுபடியில் மறுசுழற்சி செய்தால், மண்ணில் இடப்படும் செயற்கை உரத்தின் அளவைக் குறைத்து ஒரு எக்டேர் வாழை உற்பத்தியில் ஆகும் உர செலவில் ரூ.11,000 சேமிக்கலாம். மேலும் இம்முறையில், இரண்டாம் நிலை

பேரூட்டச் சத்துக்களான சுண்ணாம்பு, மெக்னீசியம், கந்தகம் மற்றும் நுண்ணூட்டச் சத்துக்களும் மறுசுழற்சியாவதால் மண் வளம் மேம்படுத்தப்பட்டு, வாழையில் அதிக மகசூலும் பெறமுடிகிறது.

இதனை நாட்டிலுள்ள அனைத்து வாழை சாகுபடி பகுதிகளிலும் நடைமுறைப்படுத்தினால், வருடத்திற்கு ரூ.913 கோடி சேமிக்க முடியும் என்று கணக்கிடப்பட்டுள்ளது. பொதுவாக, வாழை விவசாயிகள், இத்தகைய பண்ணைக் கழிவுகளை, இவற்றிலுள்ள பயன்படுத்தப்படாத ஊட்டச் சத்துக்களை மீண்டும் அடுத்த வாழை சாகுபடிக்காக பயன்படுத்தும் நோக்கத்தில் மண்ணில் புதைத்தோ அல்லது கிடங்குகளில் இட்டோ அழித்து விடுகின்றனர். ஆனால், அவ்வாறு செய்யாமல், அவைகளை நன்கு மக்கவைத்து அல்லது மண்புழு உரமாக மாற்றி மண்ணிலிடுவது சிறந்தது.

மக்க வைத்த வாழைக்கழிவுகளை வாழை உற்பட அனைத்துப் பயிர்களுக்கும் பயன்படுத்தலாம். வாழைக்கழிவுகளை ஒரு இடத்தில் சேர்க்கவேண்டும். பின் இதை இரண்டு அடி உயரத்திற்கு பரப்பி இதன் மேல் திறன்மிக்க நுண்ணுயிர்களைத் (effective microbes) தெளிக்கவேண்டும். இவ்வாறு ஆறு அடி உயரத்திற்கு மட்டும் கழிவுகளை இட வேண்டும். வாரம் ஒருமுறை தண்ணீர் தெளித்து வரவேண்டும். இது 50 சதவீத நிழலிலேயே செய்யப்பட வேண்டும். 45 நாட்களில் இயற்கையுரம் தயாராகும். உற்பத்திச்செலவாக ஒரு டன் இயற்கை உரத்திற்கு ரூபாய் 250 மட்டும் செலவாகிறது

2. வாழை

வாழை அறிவியல் வகைப்பாட்டின் பூண்டுத்தாவரங்களைக் கொண்ட பேரினம் ஆகும். அனைத்து இன வாழைகளையும் உள்ளடக்கிய வாழைப்பேரினம் அறிவியல் வகைப்பாட்டில் பயன்படுத்தப்படும் இலத்தீன் மொழியில் மியுசா (Musa) எனப்படுகிறது. தென் கிழக்கு ஆசியாவில் தோன்றிய

வாழை முதன் முதலாக பப்புவா நியூ கினியில் கொல்லைப்படுத்தப்பட்டது. இன்று அனைத்து வெப்ப வலய பகுதிகளிலும் வாழை பயிரிடப்படுகிறது.

வாழை முதன்மையாக அதன் பழங்களுக்காகப் பயிரிடப்படுகிறது எனினும் சிலவேளைகளில் அலங்காரச்செடியாகவும் நார் பெறுவதற்காகவும் வேறு தேவைகளுக்காவும் வாழை பயிரிடப்படுகிறது. உறுதியாக உயர வளரும் வாழையை மரமாக கருதுவதுண்டு ஆனால் வாழையில் நிலைக்குத்தாக உள்ள பகுதி ஒரு போலித்தண்டாகும். சில இன வாழைகளுக்கு போலித்தண்டு 2 தொடக்கம் 8 மீட்டர் உயரம் வரை வளரக் கூடியது. அதன் பெரிய இலைகள் 3.5 மீட்டர் நீளம் வரை இருக்கும். ஒவ்வொரு போலித்தண்டும் ஒவ்வொரு குலை வாழைப்பழங்களைத் தரவல்லது. வாழை குலை ஈன்ற பின்பு போலித்தண்டு இறந்து இன்னொரு போலித்தண்டு அதனிடத்தைப் பிடிக்கிறது. வாழைப்பழம், முதன்மையாக மஞ்சள் அல்லது பச்சை நிறத்தில் நீளமாக தோற்றம் அளிக்கும். ஆனால் வாழைப்பழத்தின் நிறமும் அளவும் வடிவமும் இனத்துக்கினம் வேறுபட்டிருக்கும். வாழைப்பழங்கள் வாழைக் குலையில் வரிசையாகக் கொத்துக் கொத்தாய் (சீப்பு) அமைந்திருக்கும்.

2002 ஆம் ஆண்டு, 6,80,00,000 டன் வாழைப்பழங்கள் விளைவிக்கப்பட்டு 1,20,00,000 டன் ஏற்றுமதி செய்யப்பட்டது. உலக வாழை உற்பத்தியில் இந்தியா (24%), ஈக்வடார் (9%), பிரேசில் (9%) ஆகிய நாடுகள் முன்னணி வகிக்கின்றன.

வரலாறு - துவக்கத்தில் தற்கால வாழையின் முன்னோர் விளைந்த தெற்காசியப் பகுதி. Musa acuminata வகை வாழை வளர்ந்தவிடங்கள் பச்சை வண்ணத்திலும் Musa balbisiana வகை வாழையினங்கள் இளஞ்சிவப்பு வண்ணத்திலும் காட்டப்பட்டுள்ளன.

தென்கிழக்காசியாவிலேயே வாழை முதன் முதலாக பயிர் செய்யப்பட்டது. இப்போதும், மலேசியா, இந்தோனேசியா, பிலிப்பைன்ஸ், நியூ கினியா நாடுகளில் காட்டு வாழைக-

ளைக் காணலாம். நியூ கினியாவின் குக் சகதிப்பகுதியில் (Kuk swamp) நடந்த அகழ்வாராய்ச்சிகளின் படி அங்கு வாழை குறைந்தது கி.மு 5000 முதலோ அல்லது கி.மு 8000 முதலோ பயிரிடப்பட்டிருக்கலாம் என அறியப்படுகிறது.

வாழை பற்றிய முதல் வரலாற்றுக் குறிப்பு கி.மு 600 ஆம் ஆண்டு புத்த மத ஏடுகளில் காணப்படுகிறது. மாமன்னர் அலெக்சாந்தர் இந்தியாவில் கி.மு 327 இல் இந்தியாவில் வாழைப்பழத்தை சுவைத்ததற்கான குறிப்புகள் உள்ளன. கி.பி 200 ஆம் ஆண்டில் சீனாவில் ஒழுங்குபடுத்திய வாழை சாகுபடி நடந்ததற்கான ஆதாரங்கள் உள்ளன.

இசுலாமியர் காலத்தில் (700—1500 CE) வாழையின் பரவல்

கமரூனில் கி.மு முதலாம் ஆயிரவாண்டில் வாழை விளைந்ததற்கான சான்றுகள் கிடைத்துள்ளன; இது ஆபிரிக்காவில் வாழை எப்போது விளைவிக்கத் துவங்கப்பட்டது என்ற விவாதத்தைக் கிளப்பி உள்ளது. இதற்கு முன்னதாக சான்றுகள் கி.பி 6ஆம் நூற்றாண்டிலிருந்தே கிடைத்துள்ளன. இருப்பினும் முழு கிழக்கு ஆபிரிக்காவிற்கு இல்லாதபோதும் குறைந்தது மடகாசுகர் வரையாவது கி.மு 400களில் விளைவிக்கப்பட்டிருக்கலாம்.

கி.பி 650 இல் முகலாயர்கள் இந்தியாவிலிருந்து வாழையை மத்திய கிழக்குப் பகுதிக்கு கொண்டு வந்தனர். அரேபிய வியாபாரிகள் வாழையை ஆப்பிரிக்காவெங்கும் பரப்பினர். பின்னர் போர்ச்சுகீசிய வியாபாரிகள் மூலமாக வாழை அமெரிக்காவிற்கு சென்றது.

வாழையின் ஆங்கிலப் பெயர் 'பனானா' (banana) தோன்றியது எசுப்பானிய அல்லது போர்த்துக்கேய மொழிகளிலிருந்து (மூலம்: வொலோப் என்ற ஆப்பிரிக்க மொழி) இருக்கலாம். இருப்பினும், வாழையின் அறிவியல் பெயரான 'மூசா' (Musa), அரபுப்பெயரிலிருந்து வந்திருக்கலாம்.

இந்நாட்களில் வெப்பமான பகுதிகளெங்கும் வாழை பயி-ரிடப்படுகிறது.

கரீபிய, நடுவண், தென் அமெரிக்காக்களில் தோட்ட வேளாண்மை

காட்டுவகை வாழைப்பழங்களுள் பல பெரிய, கடினக் கொட்டைகள் உள்ளன.

15ஆவது, 16ஆவது நூற்றாண்டுகளில் அத்திலாந்திக்குத் தீவுகளில் பிரேசில், மற்றும் மேற்கு ஆபிரிக்காவில் போர்த்-துக்கேய குடியேற்றவாதிகள் வாழைத் தோட்டங்களை அமைக்கத் தொடங்கினர். உள்நாட்டுப் போரை அடுத்து வட அமெரிக்காவில் மிக உயர்ந்த விலையில் சிறிய அளவில் வாழைப்பழங்களை நுகரத் தொடங்கினர்; 1880 களிலிருந்து அங்கு மிகப்பரவலாக நுகரப்பட்டது. ஐரோப்பாவில் விக்-டோரியா காலம் வரை வாழை பரவலாக அறியப்பட-வில்லை. 1872ஆம் ஆண்டு வெளியான அரௌண்டு தி வேர்ல்டு இன் 80 டேசு என்ற புதினத்தில் ழூல் வேர்ண் தனது வாசகர்களுக்கு வாழையைக் குறித்து விவரமாக எடுத்துரைத்துள்ளார்.

தற்கால வாழைத்தோட்டமுறை பயிரிடல் யமைக்காவிலும் மேற்கு கரீபிய வலயத்திலும் தொடங்கியது; இது பெரும்பா-லான நடு அமெரிக்காவிற்கும் பரவியது. நீராவிக் கப்பல்-களும் தொடர் வண்டித் தடங்களும் போக்குவரத்து வசதி-யைத் தந்திட, குளிர்பதனத் தொழினுட்பம் அறுவடைக்கும் பழுத்தலுக்கும் இடையே உள்ள காலத்தை நீட்டிக்க உதவிட வாழை வேளாண்மை வளர்ச்சியடைந்தது. சிக்குயிட்டா பிராண்ட்சு இன்டர்னேசனல், டோல் போன்ற பெரிய பன்-னாட்டு நிறுவனங்கள் தொடங்கின. இந்த நிறுவனங்கள் பயிரிடல், செய்முறைகள், போக்குவரத்து மற்றும் சந்தைப்-படுத்தல் என்ற அனைத்தையும் தாமே செய்யத் துவங்கின. இந்தப் பன்னாட்டு நிறுவனங்கள் அரசியல் தலையீடுகளை பயன்படுத்தி (தன்னிறைவு பெற்று, வரி விலக்குகள் பெற்று, ஏற்றுமதி செய்யும், அந்நாட்டு பொருளாதாரத்தில் எவ்வ-கையிலும் பங்கேற்காத) அடிமைப்பட்ட பொருளாதாரத்தை

நிறுவின. இதனால் இவ்வகைப் பொருளாதாரங்களுள்ள நாடுகள் பனானா குடியரசுகள் (Banana republic) எனக் குறிப்பிடப்படலாயின.

வாழையின் உறுப்புகள் - வாழையின் உறுப்புகள் பிற ஓர்வித்திலைச் செடிகளைப் போன்றே இருந்தாலும் சில சிறப்பான மாற்றங்களைக் கொண்டுள்ளது.

ஒருவித்திலைச் செடியான வாழையில் வேர்த்தொகுதி நார்க்கொத்தைப் போல, ஆழமாகச் செல்லாமல் பரவி நிற்கும். இவை இருவித்திலைச் செடிகளில் உள்ளதைப்போல ஆணிவேரைக் கொண்டிருக்க மாட்டா. இதனால் வலுவான காற்றடிக்கும்போது வாழைச்செடிகள் சாய்ந்துவிடக் கூடியவை.

தண்டுப்பகுதி பெரும்பாலான செடியினங்களில் மண்ணுக்கு வெளியே கதிரவனின் வெளிச்சத்தை நோக்கி வளரும். ஆனால், வாழையில் அது கிழங்கு வடிவில் மண்ணுக்கடியில் மட்டுமே வளர்கிறது. வெளியில், செங்குத்தாக வளர்ந்து நிற்கும் தண்டு போன்ற பகுதி இலைக்காம்புகளின் அடிப்பகுதிகள் ஒன்றன்மேல் ஒன்று பற்றி நிற்பதால் உருவாகிய பகுதியாகும். இது போலித்தண்டு எனப்படும். வளர்ந்த செடியில் இவற்றின் ஊடே நடுவில் சற்றே உறுதியான நாராலானது போல் தோன்றும் தண்டுப் பகுதி மலர்க்காம்பாகும்.

இலைக் காம்புகள் மண்ணுள் இருக்கும் கிழங்கிலிருந்தே தோன்றி வளர்ந்து அடுக்கடுக்காக நீளமான இலைகள் தோன்றும். முதிர்ந்த இலைகள் கரும்பச்சை நிறத்திலும் புதியன இளம்பச்சை நிறத்திலும் இருக்கின்றன. புதிதாய் வெளிவரும் குருத்திலை தன் நீளத்தை மையமாகக் கொண்டு சுருண்டு இருக்கும். பின்னர் சிறிது சிறிதாக விரிந்து வளரும். இலைகளில் பாயும் நரம்புகள் நடுத்தண்டிலிருந்து இலையின் ஓரங்களை நோக்கி வரிசையாக ஏறத்தாழ ஒரே அளவு இடைவெளி விட்டு இணையாகப் பாய்கின்றன.

வாழையின் மலர்கள் ஒரு மாறுபட்ட பூங்கொத்தாக இருக்கின்றன. இருபால் உறுப்புக்களையும் கொண்ட பூக்க-ளில் இருந்து முதலில் தண்டின் அடியில் ஆண் பூக்களும், பின்னர் நுனியில் பெண் பூக்களும் உருவாகின்றன. கொல்-லைப்படுத்திய/ பயிர் செய்யும் வாழையினங்களில் மகரந்தச் சேர்க்கை நடவாமலேயே விதைகளற்ற காய்கள் சீப்புகளில் உருவாகின்றன. அடுக்கடுக்கான சீப்புகள் பூந்தண்டைச் சுற்-றிலும் அமைந்திருக்கும். இதை வாழைத்தார் என்றும் வாழைக்குலை என்றும் அழைக்கப்படுகிறது. இக்காய்கள் படிப்படியாகப் பழுக்கின்றன. பொதுவாக ஒருமுறை குலை ஈன்றியதும் அந்த முளையிலிருந்து வந்த செடி மடிந்து விடும். விதைவழிப் பரவுதல் அரிது, புதிய கன்றுகள் கிழங்-கிலிருந்தே தோன்றுகின்றன. ஒருமுறை வாழைக்கன்றை நட்டுவிட்டால் தொடர்ந்து கன்றுகள் தோன்றி பயனளித்துக் கொண்டேயிருக்கும்.இதனாலேயே வாழையடி வாழையாக வாழ்க எனும் வாழ்த்து தோன்றியது

வாழை பயிரிடல்

வாழையின் விதைகள்

விதைகளுள்ள மூதாதைய காட்டுவாழை

விதைகளற்ற, இன்றைய மரபின வாழை

உலகில் இருவகையான வாழைகள் உள்ளன. காயாக சமையலுக்கு பயன்படுவது வாழைக்காய் (plantain), பழமாக உண்ணப்படுவது வாழைப்பழம் (banana). பழ வகைத் தாவரங்களில் வாழைமரம் மட்டுமே ஒருவிதை-யிலைத் தாவரமாகும். மற்றைய பழமரங்கள் இருவிதை-யிலைத்தாவரங்களாகும். பழவகை வாழை நல்ல திரண்ட உருளை வடிவ பழங்களைக் கொண்டிருக்கும். காய்வகை வாழைகள் நீளமாக இருந்தாலும் சற்று பட்டையான பக்கங்-களுடன் இருக்கும்.

மனிதன் முதலில் பயன்படுத்திய பல காட்டுவாழை இனங்களின், பழங்கள் விதையுடன் இருந்தன. இவற்றுள், முக்கியமானது மூசா அக்கியூமினாட்டா (Musa acuminata)என்னும் வகை ஆகும். இந்தியாவில் மூதா-

தைய காட்டுவாழைகள் மூசா பால்பிசியனா (Musa balbisiana) விதையுடன் இருந்தன. ஆனால், இவை பூச்சி மற்றும் நோய் தாங்கும் குணமுடையவை. இயற்கை-யாகவே இவ்விரு சிற்றினங்களும் கலந்து விதைகளற்ற நற்-குணங்களுடன் முப்படை மரபணுத்தாங்கிகளுடைய வாழை இனங்கள் உருவாயின மூசா சாப்பியென்ட்டம் (Musa X sapientum). பின்னர், இவை நிலத்தடி வாழைக்கிழங்கு மூலம் இனவிருத்தி செய்யப்பட்டன.

தற்போது வாழை இனங்கள் தங்களின் மூல சிற்றினங்-களை குறிக்கும் விதமாக AA, BB, AB, AAA, AAB, ABB அல்லது BBB என அழைக்கப்படுகின்றன. இக்-குறியீட்டில், A என்பது மூசா அக்கியூமினாட்டாவையும் (M.acuminata) B என்பது மூசா பால்பிசியனாவையும் (M.balbisiana) குறிக்கும். அதிக அளவில் B மரப-ணுப்பொருள் கொண்ட வாழைகள் பெரும்பாலும் 'வாழைக்-காய்' இனத்தையும், அதிக அளவில் A மரபணுப்பொருள் கொண்ட வாழைகள் பெரும்பாலும் 'வாழைப்பழ' இனத்தை-யும் சேரும்., நிலநடுக்கோட்டுப்பகுதிகளில் வாழை நன்றாக வளரும். வெப்பநிலை 20 — 30 ^{O}C இருப்பது நல்லது. 10 ^{O}Cக்கும் கீழே வாழை வளர்ச்சி நின்றுவிடும். உறைபனி வாழை மரத்தைக் கொன்று விடும். ஆனால், நிலத்தடிக் கிழங்கு சாதாரணமாக உறைபனியைத் தாங்கும். மற்றைய காரணிகளை விட, காற்று தான் வாழைப்பயிரினர முக்கிய இடர் (பிரச்சினை). மணிக்கு 30 — 50 கி.மீ வேகமான காற்று, வாழை இலைகளையும், சில சமயம் வாழைக்கு-லையையும் உடைத்துவிடும். 60 — 100 கி.மீ விரைவுக் காற்றில் மரங்கள் முறிந்து சாய்ந்து வாழைத்தோட்டமே சீர்-குலைந்து விடும்.

மண் - வாழை பலவிதமான மண்வகைகளில் வளரும் தன்மையுடையது. ஆனால், நல்ல வடிகால் வசதி தேவை. நிலம் சற்றே காடித்தன்மையுடன் (அமிலத்தன்மையுடன்) இருப்பது அவசியம் (காடித்தன்மை சுட்டெண் pH 6.0). நீர் தேங்கக்கூடிய நிலமாக இருப்பின், உயர்த்தப்பட்ட வரப்-

புகளில் வாழை நடலாம்.

வாழைக்கன்றுகள் - வாழைக்கன்றுகள் வாழைக்கிழங்கி-லிருந்து வளர்கின்றன. கிழங்கின் ஒவ்வொரு முளையும் சுற்-றியுள்ள கிழங்குப்பகுதியுடன் துண்டாக்கப்பட்டு தனிக்கன்று வளர்க்கப்படுகிறது திசு வளர்ப்பு முறையிலும் இப்போது வாழைக்கன்றுகள் உருவாக்கப்படுகின்றன. சில பயிர்த்தொ-ழிலாளர்கள் முழுக்கிழங்கையும் நடுகின்றனர். இது விரை-வில் காய்க்கும் மரத்தைத் தரும். இருப்பினும் இவற்றில் கிழங்கு மூலம் பூச்சிகளும் நோய்களும் பரவும் வாய்ப்பு அதிகம்.

தோட்டம் அமைத்தல் - வாழைத்தோட்டங்களில் கன்-றுகள் இரகத்தைப் பொறுத்து ஏக்கருக்கு 400-800 வீதம் நடப்படுகின்றன. வளர்ந்த பின் நிலத்தில் வெயில் படாத-வாறு நெருக்கமாக நடுவது, களை வளர்வதைத் தடுக்கும். முளைக்கும் போது ஒரு கிழங்குக்கு இரு கன்றுகள் மட்டுமே வளர விடப்படுகின்றன. ஒன்று பெரியதாகவும், மற்றது 6-8 மாதங்களுக்குப் பின் பழம் தர வல்லதாயும் விடப்படுகின்றன. இவ்வாறு, ஒரே கிழங்கிலிருந்து தொடர்ந்து ஆண்டுதோறும் வெவ்வேறு கன்றுகள் வளர்வதால் சில ஆண்டுகள் கழித்து முன்பு நட்ட இடத்திலிருந்து மரங்கள் சில அடி தூரம் தள்ளி இருக்கும். காற்றினாலோ,வாழைக்குலையைத் தாங்க முடியாமலோ மரங்கள் சாய்வதைத் தடுக்க இரு மரங்களை ஒன்றுடன் ஒன்று இணைத்து கட்டுவதுண்டு.

அழிக்கும் பூச்சிகளும் நோய்களும்

நோய் தாக்கம்

நோய் தீநுண்மம் (cucumber mosaic virus)

வாழை மரங்கள் கலப்பின விருத்தியில்லாமல் இனப்பெ-ருக்கம் செய்வதால், பல்வேறு வகையான நோய் எதிர்ப்பு மரபணுக்கள் ஒரே இரக வாழையில் இருப்பதில்லை. எனவே வாழை மரங்கள் பல நோய்களால் எளிதில் தாக்-கப்படுகின்றன. கறுப்பு சிகடோகா, பனாமா நோய் ஆகிய பூஞ்சை நோய்கள் வாழையைத் தாக்கும் முக்கியமான நோய்களாகும். பியூசாரியம் எனும் பூஞ்சையால் உண்டாகும்

பணாமாவாடல் நோய் 1950 களில் குரோசு மைக்கேல் எனும் வாழை இனத்தையே அழித்து விட்டது. கறுப்பு சிகடோகா நோய் 1960 களில் பிஜி தீவுகளிலிருந்து ஏற்றுமதியான வாழைப்பழத்தைச் சுற்றப் பயன் படுத்திய இலைகள் மூலம் ஆசியாவெங்கும் பரவியது.

கிழங்கு மூலம் இனப்பெருக்கம் செய்யப்படுவதால் நச்சுரி நோய்களும் எளிதில் பரவுகின்றன. நுனிக்கொத்து நோய் வாழையை அழிக்கும் முக்கியமன நச்சுரி நோயாகும். நோய் தொற்றிய மரங்களை அழித்து எரிப்பதும், நோயைப் பரப்பும் பூச்சிகளை அழிப்பதுமே இதற்கு தீர்வாகும்.

வாழையைத் தாக்கும் தீ நுண்மங்கள் - 2001 ஆம் ஆண்டு கணக்கின்படி, ஆண்டிற்கு தோரயமாக ஆயிரம் கோடி டன்ஸ் விளைவிக்கப்படுகிறது. வாழையில் ஏற்படும் பக்டேரியா, பூஞ்சை, தீ நுண்மங்களினால் ஏற்படும் இடர்வுகளால், முழு உற்பத்தியில் பெருமளவு பாதிக்கப்படுகிறது. இவைகளின் நோய் தாக்குதல்களில், தீ நுண்மங்களினால் ஏற்படும் இடர்வுகள் எளிதில் நீங்காது மட்டுமல்லாமல், உற்பத்தியெய் கடுமையாக பாதிக்ககூடியன. வேதி மருந்துகளினால் பக்டேரியா, பூஞ்சை நோய்களை கட்டுக்குள் கொண்டுவந்தாலும், தீ நுண்மங்களினால் ஏற்படும் இழப்புகளை தவிர்க்கமுடியாது. ஆகையால் நோயை அழிப்பதைவிட, வரும் முன் காப்பதே முக்கியம்.

வாழை நுனி மொசைக் நுண்மம்

வாழை நுனி மொசைக் நுண்மம் (Banana bract mosaic virus): இவைகள் நேர்மறை (+) கொண்ட, ஓரிழை ஆர்.என்.எ தீ நுண்மம் (RNA) ஆகும். இவைகள் போட்டி (Poty) பிரிவில் வருபவை ஆகும்.

வாழை குறை மொசைக் நுண்மம் (Banana mild mosaic virus)

வாழை தீ நுண்மம் X (Banana virus X (BVX))

இவை இரண்டும் பிலேக்ஸ்சி விரிடே (Flexiviridae) குடும்பத்தில் வருபவை ஆகும்.

வாழை இலை கொத்து தீ நுண்மம் (Banana bunchy top virus)

இவைகள் ஓரிழை உடைய டி.என்.எ (DNA) தீ நுண்மம் ஆகும். நானோ நுண்மந்தில் (nano virus) என்னும் பிரிவில் வருபவை.

வாழை வரி நுண்மம் (Banana streak virus)

பார ரெட்ரோ நுண்மந்தில் (pararetro virus) வருவது. மேலும் மரபு இழையில் உள்ள வேறுபாட்டை பொருந்து, மூன்று வகையாக பிரிக்கலாம்.

வாழை வரி தங்க விரல் நுண்மம் -Banana streak Gold Finger virus (BSGFV),

வாழை வரி மைசூர் நுண்மம்- Banana streak Mysore virus (BSMyV)

வாழை வரி ஒபனோ ல் எவாய் நுண்மம் — Banana streak Obeno L'Ewai virus (BSOLV)

வாழை மறு- இறத்தல் நுண்மம் (Banana die-back virus), நைசிரியா என்ற நாட்டில் கண்டுபிடிக்கபட்டுள்ளது.

மேலும் தீ நுண்மங்களின் பல்கி பெருகும் போது, அதன் மரபு இழைகள் நகலாக்கம் செய்யப்படுகின்றன. இவ்வினைகளின் ஈடுபடும் நொதிகள் செயல்கள் மிகையாக இருந்தாலும், மரபுஇழைகளின் ஏற்படும் பிழை-ஒற்றுகளை (தவறுகளை) (mis-match) சரி செய்ய முடியாத தன்மையில் உள்ளன (Proof-reading activity). இதனால் ஒரே தீ நுண்மந்தின் மரபு இழைகளின் வரிசையில் பல மாறுதல்கள் அல்லது வேறுபாடுகள் காணப்படுகின்றன. மேலும் ஒரே வாழையெய் வேறுபட்ட குடும்பத்தைச் சேர்ந்த பல தீ நுண்மங்கள் தாக்கும் பொழுது, அவைகளிடையெய் ஏற்படும் உள்-இணைவுகள் அல்லது மறு-கலத்தல்கள் (Recombination) புதிய தீ நுண்மங்களை ஏற்படுத்துகின்றன. இவைகள் முன்பை விட வீரியம் கூடுதலாகவும் பெருத்த இழப்புகளையும் ஏற்படுத்த வல்லன.

அறுவடையான வாழைத்தார்கள் - பழங்கள் முக்கால்வாசி முற்றிய நிலையில் அறுவடை செய்யப்படுகின்றன.

பொதுவாக, முதல் சீப்பு தோன்றிய மூன்று மாதங்களில் வாழைத்தார் அறுவடைக்குத் தயாராக இருக்கும். அறுவடையின் போது முழு வாழைத்தாரும் வெட்டப்பட்டு கம்பிகளில் தொங்கவிடப்பட்டு தோட்டத்திலிருந்து எடுத்துச் செல்லப்படுகிறது. உள்நாட்டுச் சந்தைக்கு தார்கள் அப்படியே விற்கப்படுகின்றன. ஏற்றுமதிக்கான வாழைகள் சீப்புகளாக வெட்டப்பட்டு, வாழைப்பால் கறையை நீக்க, 'பிளீச்'(வெளுத்தல்) (சோடியம் கைப்போக்ளோரைட்) கரைசலில் நனைக்கப்படுகின்றன. பின்னர் அவை பத்திரமாக பிரத்தியேகமாக வடிவமைக்கப்பட்ட பெட்டிகளில் அடுக்கப்படுகின்றன.

மரத்தில் பழுக்கும் வாழைப்பழங்கள் - ஏற்றுமதிக்காகப் பெட்டியில் பாதுகாக்கப்பட்ட பழங்களை, தேவைப்படும்போது, எத்திலீன் வாயு மூலம் பழுக்க வைக்கப்பட்டு, விற்பனைக்குத் தயாராக்கப் படுகின்றன.

வளரும் நாடுகளில், இயற்கையான பாரம்பரிய ஊதல் முறையில் பழுக்க வைக்கப் படுகின்றன. இம்முறையில் காலதாமதமும், பழங்கள் கனிந்தும் விடுகிறது. கனிந்த வாழைத்தார்களை, பிற இடங்களுக்கு எடுத்துச் செல்லும் போது, அதிலுள்ள பழங்கள் உதிர்ந்து, உழவர்களுக்கு இழப்பைத் தருகின்றன. எனவே, இம்முறையை அதிகம் பயன்படுத்துவதில்லை.

தற்போது அதிக விளைச்சல் (இந்தியா) செய்யப்படுவதால், பெரும்பாலும், தார்கள் செங்காய் நிலைக்குச் சற்று முந்தைய, காவெட்டு நிலையிலேயே அறுவடைச் செய்யப்படுகிறது. அத்தார்கள் செயற்கையான முறையில் பழுக்க வைக்கப்படுகிறது.

எத்திலீன் வாயுக்கு மாற்றாக, அதே குணமுடைய், ஆனால் தீப்பற்றும் தன்மையுடைய அசிட்டிலீன் வாயு அல்லது கால்சியம் கார்பைட்(CaC_2) மூலம், பழுக்க வைக்கப் படுகிறது. இது மனித உடலின் செரிமான மண்டல நலத்திற்கு, மிகத்தீமை விளைவிக்கக் கூடியது. சில நபர்களுக்குப் புற்றுநோயும் உருவாகிறது.

மனித உடலுக்கு ஏற்படும் நன்மைகள்

வாழைப்பழம் பெரும்பாலும் அப்படியே உண்ணப்படுகிறது. அண்மையில், பாலுடன் கலந்து கூழாகவும் பருகப்படுகிறது. பனிக்குழை (ice cream), குழந்தைகளுக்கான உணவு மற்றும் பழக்கலவைகளில் பயன் படுத்தப்படுகிறது. பழத்தை உலர வைத்து பொடியாக்கி, மாவுகளுடன் கலந்து பேக்கரி வகை உணவுகள் செய்யப்படுகின்றன.

வாழைப்பழங்கள் 12 'C க்கும் குறைவான வெப்பநிலையில் கருக்கத் தொடங்கிவிடும். எனவே முழு வாழைப்பழங்களை குளிர் சாதனப்பெட்டியில் வைப்பது நல்லதல்ல. உரித்த வாழைப்பழங்களை காற்றுப்புகாதவாறு உறைகுளிர் பெட்டியில் நெடுநாட்கள் வைத்திருக்கலாம்.

வாழைக்காய் மற்றும் வாழைப்பத்தை மெல்லிய துண்டுகளாக சீவி, வாழைப் பொரிப்புகள் செய்யப்படுகிறது. ஆசியாவில், குறிப்பாக இந்தியாவில் வாழைக்காய், வாழைப்பூ, வாழைத்தண்டு ஆகியவை சமையலுக்கு பயன் படுத்தப்படுகின்றன. வாழைத்தண்டு சிறுநீர் பாதையில் ஏற்படும் கற்களை நீக்க வல்லது என நம்பப்படுகிறது.

வாழை இலை இந்தியாவில் உணவு உண்ணும் தட்டு போல பயன்படுகிறது.

அறுவடைக்குப்பின் எஞ்சியிருக்கும் வாழைமரங்கள் வெட்டி நிலத்தில் சாய்த்து மக்க விடப்படுகின்றன. வாழை மரத்தண்டுகள் உரங்களை சேமித்து வைத்திருப்பதால், இவை நல்ல உரமாகப் பயன் படுகின்றன.

வாழைப்பூ, காய், தண்டு முதலியவை சித்த மருத்துவத்திலும் பயனாகிறது. நீரிழிவு என்ற உடற்குறை உள்ளவர்கள், வாழைப்பூ அவியலை உண்பது மிகவும் நல்லது.

வாழைப்பட்டைகளை உலர வேத்து அதிலுள்ள நார்களைப் பிரித்தெடுத்து மலர் மாலைகளைக் கட்டுவதற்குப் பயன்படுத்துவர்.

வாழைப்பழ வகைகள்

செவ்வாழை(செந்தொழுவன்) சிகப்பு நிறத்திலிருக்கும் சற்று பெரிய அளவில் இருக்கும். செவ்வாழைப் பழம் செந்-

நிறத்தில் விளையும் இந்த வகைப் பழங்கள் மிகுந்த சுவை-யும், மணமும் உடையதாய் உடல் நலத்திற்கு மிகவும் உகந்-தது.

ரசுதாளி(இரசக்கதிலி) (இதை யாழ்ப்பாணத் தமிழர் கப்-பல் பழம் என்கிறார்கள். சிங்களவர்கள் கோழிக்கூடு என்-கிறார்கள். மட்டக்களப்புத் தமிழர் பறங்கிப்பழம் என்கிறார்-கள். இவ் வாழைப்பழத்தை பறங்கியர்கள் கோழிக்கோடு துறைமுகத்தினூடு கப்பலில் இலங்கைக்குக் கொண்டு வந்து சேர்த்தார்கள் என்றும் அதனாலேயே இவ் வாழைப்பழத்துக்கு இத்தனை பெயர்கள் என்றும் கருதப் படுகிறது.) இவற்றைத் தவிர தமிழ் நாட்டு வாழை வகைகளில் மூன்றிற்கு மும்-மூர்த்திகளான பிரம்மா, விஷ்ணு, சிவன் ஆகியோரின் பெயர்களை சூட்டியுள்ளனர்

கற்பூரவல்லி (வாழை) இதனைத் தேன் வாழை என்பார்-கள்.

மலை வாழைப்பழம் - பேயன் வாழைப்பழம் பேய்கள் நடமாடும் சுடுகாடுகளில் சிவ பெருமான் உலாவுவதாக பேசப்படுவதால் அவர் பேயன் எனப்படுகிறார். எனவே அவர் பெயரில் பேயன் பழம்.

பச்சை வாழைப்பழம் (பச்சை நிறத்தில் இருக்கும்)

பெங்களூர் பச்சை வாழைப்பழம் (பெங்களூர் பச்சை என்றாலும் நிறத்தில் மஞ்சளேயாகும்.)

மொந்தன் வாழைப்பழம் அம்மை நோய் கண்டவர்களுக்கு இதனை உண்ணத் தருவார்கள். விஷ்ணு பகவானுக்கு மற்-றொரு பெயர் முகுந்தன்.அதுவே மருவி மொந்தன் என்றாகி அந்தப் பெயரில் மொந்தன் பழம்.

பூவன் வாழைப்பழம் எப்போதும் பூவின்மீது அமர்ந்த வண்ணம் காட்சியளிக்கும் பிரம்ம தேவன் பூவன் எனப்படு-கிறார். எனவே அவர் பெயரில் பூவன் வழைப்பழம்.

கப்பல் வாழைப்பழம் இதுவே ரசுதாளி வாழைப் பழம்.

கதலி வாழைப்பழம் இது வாழைப்பழத்திற்கு வடமொழி பொதுப் பெயர்.

ஏலரிசி வாழைப்பழம் அளவில் சிறியதாயினும் இதன் சுவை மிகவும் இனியது. தமிழகத்தில் திருச்சி மாவட்டத்தில் அதிகம் விளைகிறது.

மோரீஸ் வாழைப்பழம் - நேந்திர வாழைப்பழம்(ஏற்றன் வாழைப்பழம்) அளவில் பெரிதாக இருக்கும். தமிழகத்தில் கன்னியாகுமரி மற்றும் திருநெல்வேலி மாவட்டங்களில் அதிகம் விளைகிறது. ஏற்றன் பழத்தில் தயாரிக்கப்படும் சிப்ஸ் குமரி மாவட்டம் மற்றும் கேரளாவில் பிரசிதிப்பெற்றது.

மட்டி வாழைப்பழம் தமிழகத்தில் கன்னியாகுமரி மாவட்டத்தில் அதிகம் விளைகிறது.

பண்பாட்டு முக்கியத்துவம் - வாழைப்பழங்கள் இந்து கடவுள்களின் வழிபாட்டில் முக்கிய இடம் பெறுகின்றன. பண்டைய இந்தியாவில் வாழை கடவுள்களின் உணவாக கருதப்பட்டது. குறிப்பாக தென்னிந்தியாவில் வாழை இலைகளும் இறைவழிபாட்டில் பயன்படுத்தப்படுகின்றன. விருந்தாளிகளுக்கு வாழை இலையில், குறிப்பாக தலை வாழை இலையில் (நுனி இலை) உணவு படைப்பது சிறந்த தமிழ் பண்பாடு. ஆகும். தமிழர்களின் திருமணம் போன்ற மங்கல நிகழ்ச்சிகளில் கட்டாயம் குலைகளுடன் கூடிய வாழை மரங்களை வாசலில் தோரணமாகக் கட்டுவர். வீட்டில் வளர்ந்துள்ள வாழை மரங்கள் சாய்ந்தால் அதனைத் தீய அறிகுறியாகக் கருதுவார்கள்.

கட்டையிலை
தலைவாழை இலை
விருந்தோம்பல்
சமையலிலை
இலக்கியத்தில் வாழை
வாழைப் பூங்கொத்து

இலக்கியத்தில் வாழை அமைந்துள்ள அமைவுகள் எடுத்துரைக்கப்பட்டுள்ளன.

தமிழிலக்கியத்தில், வாழை முக்கனிகளில் (மா, பலா, வாழை)ஒன்றாக குறிப்பிடப்படுகிறது.

எ.கா: முக்கனியி னானா முதிரையின் (கம்பராமாயணம் நாட்டு. 19).

மால்வரை யொழுகிய வாழை (தொல்காப்பியம் சொல். 317, உரை).

வாழை யிறுகு குலைமுறுக (மலைபடு. 132)

செழுங்கோள் வாழை (புறநானூறு 168, 13)

கோழிலை வாழை (அகநானூறு 2).

மால்வரை யொழுகிய வாழை... என... சேர்ந்து (சிறுபா-ணாற்றுப்படை 20, உரை).

தழையிலே வாழை (ஐங்குறுநூறு 460)

வாரணபுசை, வீரை (சங். அக.)

அற்பருத்தம் - (பச். மூ.)

இயைமே - (அக. நி.)

வாழைக்கு பல பெயர்களுள்ளன. அவைகளும், அவைக் காணப்படுகின்ற நூல்களும் வருமாறு

அம்பணம் - கவர், சேகிலி (பிங்கல நிகண்டு)

அரம்பை - அரம்பை நிரம்பிய தொல் வரை (கம்பராமா-யணம்-வரைக்.59) நின்று பயனுதவி நில்லா அரம்பையின் கீழ் கன்றும் உதவும் கனி (நன்னெறி)

கதலி - கானெடுந்தே ருயர்கதலியும் (கம்பராமாயணம்-முதற்போர்.104)

பனசம் - வாழை (கம்பராமாயணம். மாரீசன்வதை.96)

கோள் - வாழை = மதியங் கோள்வாய் விசும்பிடை (சீவக சிந்தாமணி 1098)

குலைவாழை பழுத்த (சீவக சிந்தாமணி. 1191).

மடல் - கொழுமடற் குமரி வாழை (சீவக சிந்தாமணி. 2716). Musa paradisiaca

வான்பயிர் - நன்செய் புன்செய்ப் பயிரல்லாத கொடிக்-கால் வாழை கரும்பு முதலிய தோட்டப்பயிர்கள்.

வாழைக்கு இருக்கும் வேறுபெயர்கள் - ஓசை[2], அரே-சிகம், கதலம், காட்டிலம், சமி[3], தென்னி, நத்தம், மஞ்-சிபலை, மிருத்தியுபலை, பிச்சை[3], புட்பம், நீர்வாகை, நீர்-

வாழை (தண்ணீருதவும் வாழை = Ravenala madagascariensis), பானுபலை, மட்டம், முண்டகம், மோசம், வங்காளி, வல்லம்[3], வனலட்சுமி, விசாலம், விலா-சம், அசோகம், அசோணம்.

பழமொழிகள்

வாழை வாழவும் வைக்கும் தாழவும் வைக்கும்.

வாழப்பழ சோம்பேறி.

உணவும் சமையலும்

காயும் பழமும்

பல வெப்ப மண்டல நாடுகளில் வாழைப்பழம் முதன்மை-யான மாப்பொருள் உணவாக உள்ளது. அதன் வகையையும் பழுத்தலையும் பொறுத்து அதன் இனிப்புச் சுவை வேறுபடு-கின்றது. வாழைத்தோலும் பழமும் சமைக்காமலும் சமைத்தும் உண்ணக்கூடியன. வாழைப்பழத்திற்கான நறுமணத்தை அதி-லுள்ள ஐசோயமைல் அசிடேட், பூடைல் அசிடேட், ஐசோ-பூடைல் அசிடேட் ஆகியன கொடுக்கின்றன.

சிறிது சிறிதாக நறுக்கப்பட்ட வாழைக்காயை எண்ணெ-யில் வாட்டி உப்பு, காரம் சேர்த்து வாழைக்காய் பொறியல் சமைக்கப்படுகின்றது. சில நாடுகளில் பிளந்த மூங்கிலில் வைக்கப்பட்டு மிகவெப்பத்தில் வாட்டப்பட்டும் வாழையிலை-யில் பசையுள்ள அரிசியால் சுற்றி நீராவியில் வேகவைத்தும் சமைக்கப்படுகின்றது. வாழைப்பழப் பழப்பாகும் தயாரிக்கப்ப-டுகின்றன. சில தெற்கு ஆசிய தென்கிழக்காசிய நாடுகளில் வாழைக்காய் பஜ்ஜிகள் பயணிகளிடையே மிகவும் பரவ-லாக உள்ளன. வாழைக்காயை துண்டுகளாக்கி, நீர் இறுத்து தயாரிக்கப்படும் வாழைக்காய் வறுவல் அல்லது நேந்தி-ரம் சிப்சு மிகவும் புகழ்பெற்றுள்ளது. உலர்ந்த வாழைக்-காய்களைக் கொண்டு வாழைப் பொடியும் தயாரிக்கப்படு-கின்றது. வாழைப்பழத்திலிருந்து சாறு எடுப்பதுக் கடினமா-கும்; அழுத்தம் கொடுக்கப்பட்டால் அதி உடனேயே கூழாகி விடுகின்றது. இதனால் பாலுடன் கலந்து பனானா மில்க்-சேக் தயாரிக்கப்படுகின்றது. பிலிப்பீனிய சமையல்முறையில்

வாழைப்பழம் முதன்மை பங்கு வகிக்கின்றது. மருயா, துர்ரோன், ஹாலோ-ஹாலோ போன்ற உணவிறுதி சிற்றுண்டிகளில் முதன்மையான பண்டமாக வாழைப்பழம் உள்ளது. கேரளாவில் வேக வைத்தும் (புழுங்கியது), பொறியலாக்கியும், வறுவலாகவும் (உப்பேரி) மாவில் வறுத்தும் (பழம்பொரி) சமைக்கப்படுகின்றன. மலேசியா, சிங்கப்பூர், இந்தோனேசியா நாடுகளில் கேரளாவின் பழம்பொரியை ஒத்த பீசாங் கோரேங் (வாழைப்பழக் கொக்கோய்) பரவலாக உண்ணப்படுகின்றது. இத்தகைய உணவுப்பண்டம் ஐக்கிய அமெரிக்காவிலும் ஐக்கிய இராச்சியத்திலும் பனானா பிரிட்டர் எனப்படுகின்றது.

வாழைப்பூ - வாழைப்பூ தெற்கு ஆசிய, தென்கிழக்காசிய நாடுகளில் காய்கறியாகப் பயன்படுத்தப்படுகின்றது. பச்சையாகவோ வேகவைத்தோ இரசங்கள், பொறியல்கள், வறுத்த உணவுவகைகளில் பயன்படுத்தப்படுகின்றன. கூனைப்பூவைப் போலவே வாழைப்பூவின் பூவடிச் செதில்களும் பூவரும்புகளும் உண்ணக்கூடியவை.

இலைகள் - வாழை இலைகள் பெரியதாகவும், நெகிழ்வாகவும், நீர்புகாவண்ணமும் உள்ளன. இதனால் பெரும்பாலும் இவை, தெற்கு ஆசியா மற்றும் பல தென்கிழக்காசியா நாடுகளில், சுற்றுச்சூழலை பாதிக்காத உணவுக் கலன்களாகவும் "தட்டுக்களாகவும்" பயன்படுத்தப்படுகின்றன. இந்தோனேசியச் சமையல்முறையில் வாழையிலை பயன்படுத்தப்படுகின்றது; வாழையிலையில் பொதிந்த உணவுப் பொருட்களும் நறுமணப் பொருட்களும் நீரில் வேகவைக்கப்பட்டோ கரி மீது தீயால் வாட்டப்பட்டோ சமைக்கப்படுகின்றன. தெற்கிந்திய மாநிலங்களான தமிழ்நாடு, கருநாடகம், ஆந்திரப் பிரதேசம் மற்றும் கேரளாவில் சிறப்பு நாட்களில் உணவு வாழையிலையில்தான் பரிமாறப்பட வேண்டும்; சூடான உணவு வாழையிலையில் பரிமாறப்படும்போது அதற்கு தனி மணமும் சுவையும் உண்டாகின்றது. பல நேரங்களில் தீயில் வாட்டப்படும் உணவுகளுக்கு உறையாக வாழையிலை அமைகின்றது. வாழையிலிலுள்ள சாறு உணவு கருகுவதிலிருந்து

காப்பதுடன் தனிச்சுவையையும் தருகின்றது. தமிழ்நாட்டில் உலரவைக்கப்பட்ட வாழையிலை உணவுகளைப் பொதியவும் நீர்ம உணவுகளுக்கான கோப்பைகளாகவும் பயன்படுத்தப்படுகின்றன.

தண்டு - வாழையின் மென்மையான தண்டின் உட்பகுதியும் தெற்கு ஆசியா, தென்கிழக்காசிய சமையல்முறைகளில் பயன்படுத்தப்படுகின்றன. குறிப்பாக மியான்மரில் மொகிங்கா என்ற உணவு தயாரிக்கப்படுகின்றது.

நார் துணிகள் - உயர் இரக துணிகளுக்கான இழையாக நெடுங்காலமாக வாழைநார் இருந்து வந்துள்ளது. சப்பானில் 13ஆவது நூற்றாண்டிலிருந்தே துணிகளுக்காகவும் வீட்டுப் பயன்பாடுகளுக்காகவும் வாழை சாகுபடி செய்யப்பட்டுள்ளது. சப்பானில் இலைகளும் தளிர்களும் அவ்வப்போது வாழை மரத்திலிருந்து வெட்டப்பட்டு பயன்படுத்தப்பட்டு வந்தன. இவற்றை முதலில் கொதிக்க வைத்து நார்கள் பிரிக்கப்பட்டன. இந்த வாழைநார்கள் வெவ்வேறான கடினத்தன்மையுடன் வெவ்வேறானப் பயன்பாடுகளுக்கான துணிகளைத் தயாரிக்க பயன்படுத்தப்பட்டன. காட்டாக, வெளிப்புறத்திலிருக்கும் நார்கள் முரட்டுத்தனமாக இருக்கும்; இவை மேசை விரிப்புக்களுக்குப் பயன்படுத்தப்பட்டன. உட்புறமுள்ள நார்கள் மிகவும் மென்மையாக இருக்கும்; இவை கிமோனோ, காமிஷிமோ தயாரிக்கப் பயன்படுத்தப்பட்டன. இந்த பாரம்பரிய கைவினை சப்பானியத் துணித் தயாரிப்பில் பல படிமுறைகள் உள்ளன.

நேபாள முறையில் தண்டை சிறிது சிறிதாக வெட்டி மென்மையாக்கப்படுகின்றது; இயந்திரவழியில் நார் பிரிக்கப்படுகின்றது, பின்னர் வெளிறச்செய்து உலர்த்தப்படுகின்றது. பின்னர் காத்மண்டு பள்ளத்தாக்கிற்கு அனுப்பப்படுகின்றது. அங்கு பட்டு இழை போன்ற நயத்தில் தரைவிரிப்புகள் தயாரிப்பில் பயன்படுத்தப்படுகின்றது. இந்த வாழைநார் தரைவிரிப்புகள் பாரம்பரிய நேபாள கை முடிச்சிடுதல் முறைமையில் பின்னப்படுகின்றன.

தமிழ்நாட்டில் தண்டிலிருந்து பிரிக்கப்பட்ட நார் மலர் தொடுக்கப் பயனாகின்றது.

தாள் - வாழைநார் தாள் தயாரிப்பிலும் பயனாகின்றது. மரப்பட்டையிலிருந்து தயாரிக்கப்படும் தாள் கலை வேலைகளுக்குப் பயன்படுத்தப்படுகின்றது. தண்டு அல்லது பயனில்லா பழங்களிலிருந்து கிடைக்கும் நார்களிலிருந்தும் தாள் தயாரிக்கப்படுகின்றது. இவை கைவினையாகவும் இயந்திரங்கள் மூலமாகவும் தயாரிக்கப்படுகின்றன.

பண்பாட்டுக் கூறாக - காவிரி வழிபாட்டில் தேங்காய், வாழைப்பழம் மற்றும் வாழையிலைகள் - திருச்சிராப்பள்ளி, இந்தியா. தாய்லாந்தின் சியாங் மாய் தனின் சந்தையில் விற்பனைக்காக வாழைப்பூவும் இலைகளும்.

கலை - "யெஸ்! வீ ஹாவ் நோ பனானாசு" என்ற பாடல் பிராங்க் சில்வர், இர்விங் கோன் இணையரால் 1923இல் வெளிடப்பட்டது; பல பத்தாண்டுகளாக இது மிகச் சிறந்த பாடலாக இருந்து வந்துள்ளது. பலமுறை மீள்பதியப்பட்டு வெளியிடப்பட்டுள்ளது. வாழைப்பஞ்சம் ஏற்படும் போதெல்லாம் இந்தப் பாட்டுப் புகழ்பெறுகின்றது.

வாழைப்பழத் தோலில் வழுக்கி விழும் மனிதன் பல தலைமுறைகளாக முதன்மையான நகைச்சுவையாக உள்ளது. 1910 அமெரிக்க ஐக்கிய நாடு நகைச்சுவைக் காட்சி ஒன்றில் அப்போதைய புகழ்பெற்ற பாத்திரமான "அங்கிள் ஜோஷ்", தான் விழுந்ததைத் தானே விவரிக்குமாறு அமைந்துள்ளது.

சப்பானியக் கவிஞர் பாஷோவின் பெயர் வாழைக்கான சப்பானியப் பெயராகும். அவரது தோட்டத்தில் மாணவன் ஒருவன் நட்ட "பாஷோ" அவரது புனைவுகளுக்கு தூண்டுதலாக அமைந்ததால் இப்பெயரை வைத்துக் கொண்டார்.

அன்டி வார்ஹால் தயாரித்த வெல்வெட் அண்டர்கிரவுண்டு இசைத்தொகுப்பின் முதல் தொகுப்பின் கலை வேலையில் வாழைப்பழம் இடம் பெற்றுள்ளது.

சமயமும் நம்பிக்கைகளும்

நங் தனி, தாய்லாந்து நாட்டார் கதையின் வாழைத்-தோட்டத்து பெண் ஆவி

மியான்மரில், புத்தருக்கும் ஆவிகளுக்கும் ஒரு தட்டில் பச்சைத் தேங்காயைச் சுற்றி பச்சை வாழைப்பழங்களை படைப்பது வழமையாகும்.

In all the important festivals and occasions of இந்துக்களின் அனைத்து முதன்மையான பண்டிகைகளி-லும் விழாக்களிலும் வாழைப்பழத் தாம்பூலம் தருதல் முக்-கியமாகும். வழமையான தமிழர் திருமணங்களில் வாழை மரங்கள் நுழைவாயிலின் இருபுறமும் கட்டப்படுகின்றன.

தாய்லாந்தில் ஒரு குறிப்பிட்ட வகை வாழை, மூசா பல்-பிசியனா, நங் தனி என்ற பெண் ஆவியால் பீடிக்கப்பட்டி-ருப்பதாக நம்புகின்றனர். Often people tie a length of colored satin cloth around the pseudostem of the banana plants.

மலாய் நாட்டுப்புறத்தில், வாழைத் தோட்டங்களுடன் பொன்டியனக் என்ற ஆவி தொடர்பு படுத்தப்படுகின்றது; இது பகல் நேரத்தில் வாழைத்தோட்டங்களில் வாழ்வதாக நம்பப்படுகின்றது.

3. மலச்சிக்கலைப் போக்க...

'மலச்சிக்கல்... அதனால் மனிதனுக்குப் பல சிக்கல்' என்று பொதுவாகச் சொல்வதுண்டு. 'உடல் சார்ந்த பிரச்னைக-ளுக்கு மட்டுமன்றி பல மனப் பிரச்னைகளுக்கும் மலச்-சிக்கல்தான் அடிப்படைக் காரணமாக இருக்கிறது' என்று மருத்துவர்கள் சொல்கிறார்கள். மலச்சிக்கலை ஆரம்பத்தி-லேயே சரிசெய்யாமல்விட்டால் அது பல்வேறு நோய்களுக்கு வாசலாக அமைந்துவிடும். மாறிவிட்ட உணவுப் பழக்கவழக்-கங்களாலும், அவசர வாழ்க்கை முறையாலும்தான் மலச்-சிக்கல் உண்டாகிறது.

தண்ணீர் குறைவாகக் குடிப்பதாலும், நார்ச்சத்து குறை-வாக உள்ள உணவுகளை அதிகமாக உட்கொள்வதாலும்

மலச்சிக்கல் உண்டாகிறது. நார்ச்சத்து குறைவாக உள்ள உணவுகளை அதிகமாகச் சாப்பிட்டால் மலம் மிகவும் இறுக்-கமாக உருவாகும். அதனாலும் மலச்சிக்கல் ஏற்படும். அசைவ உணவுகளில் நார்ச்சத்து இல்லை. அதனால்தான் அசைவ உணவுகளை அதிகமாகச் சாப்பிட்டால் மலச்சிக்கல் பாதிப்புகள் உண்டாகின்றன.

நார்ச்சத்துள்ள பச்சைக் காய்கறிகள், கீரைகள், வாழைத்-தண்டு, ஆரஞ்சு, கொய்யா, மாதுளை, ஆப்பிள், அத்திப்-பழம், மாம்பழம், பேரீச்சை, பொட்டுக்கடலை, கொண்டைக்-கடலை, மொச்சைப் பருப்புகள் போன்றவை மலச்சிக்கலுக்கு சிறந்த நிவாரணம் தருபவை. அன்றிலிருந்து இன்றுவரை மலம் சரியாகக் கழிக்க வேண்டும் என்றால் பெரும்பாலா-னோர் பரிந்துரைப்பது வாழைப்பழத்தைத்தான். பலரும் இரவு உணவுக்குப் பின்னர் வாழைப்பழம் சாப்பிடுவதை வழக்கமா-கவே வைத்திருக்கிறார்கள்.

“வாழைப்பழம் மலச்சிக்கலைச் சரிசெய்யும் என்பது உண்-மைதான். ஆனால் இப்போது விற்கப்படும் விதையில்லாத வீரிய ஒட்டுரக வாழைப்பழங்களைச் சாப்பிடுவதால் எந்தப் புண்ணியமும் இல்லை. அவை வயிறை நிரப்ப மட்டுமே பயன்படும்” என்கிறார் சித்த மருத்துவர் வேலாயுதம்.

இதுகுறித்து விரிவாக விளக்குகிறார்... “வாழைப்பழத்தில் வீரிய ஒட்டுரக வகைகள் இருக்கின்றன. மலச்சிக்கலைத் தவிர்க்க நார்ச்சத்து மிகவும் அவசியம். அவை நாட்டு வாழைப்பழங்களில் இருக்கின்றன. நாட்டு வாழைப்பழத்தி-லுள்ள விதைகள் அதிக நீர்ச்சத்தை உடலுக்கு அளிக்-கின்றன. ஆனால், வீரிய ஒட்டுரகங்களான, பச்சை நிற வாழைப்பழத்திலோ, மஞ்சள் நிற வாழைப்பங்களிலோ நார்ச்-சத்து சுத்தமாக இல்லை. மேலும் இதில் ப்ரக்டோஸ் (Fructose) அதிகமாக இல்லை. குளூக்கோஸ்தான் அதி-கமாக இருக்கிறது. இது சர்க்கரைநோயை அதிகப்படுத்தும். மலச்சிக்கலைத் தீர்ப்பதற்கு பதிலாக வயிற்று மந்தத்தை ஏற்-படுத்திவிடும். இதுவே நாளடைவில் மலச்சிக்கலை உரு-

வாக்கிவிடும்.

அதுமட்டுமல்ல, பொட்டாசியம் நாட்டு வாழைப்பழங்கள் ளில் அதிகம். அது இதயத்துக்கும் நன்மை அளிக்கும். ஆனால், வீரிய ஒட்டுரக வாழைப்பழத்தில் அவை சுத்தமாக இல்லை. வயிற்றை நிரப்புவதற்கான ஓர் உணவுப் பொரு- ளாக மட்டுமே இந்த வகை வாழைப்பழங்கள் இருக்கின்றன. வாழைப்பழத்தில் பூவம்பழம், ரஸ்தாலி, மலை வாழைப்பழம், கற்பூரவாழை, செவ்வாழை போன்ற நார்ச்சத்து அதிகமாக உள்ள பழங்களைத்தான் சாப்பிட வேண்டும். அவைதான் மலத்தை இளக்கி மலத்தைச் சீராகப் போகவைக்கும். சாப்பி- டுவதற்கு அரை மணி நேரத்துக்கு முன்னதாக வாழைப்பழம் சாப்பிடுவது மிகவும் நல்லது. மூன்று வேளையும் சாப்பிட- லாம். காலை நேரத்தில் சாப்பிடுவது அதிக நன்மையைத் தரும்.

விஞ்ஞான வளர்ச்சி என்ற பெயரில் லாப நோக்கோடு உடலுக்குக் கேடுவிளைவிக்கும் வாழைப்பழங்களை விற்- பனை செய்துவருகிறார்கள். அவற்றை புறம்தள்ளிவிட்டு நம்- மூர் நாட்டுப்பழங்களை மட்டுமே சாப்பிடுவது உடலுக்கு நல்லது" என்கிறார் மருத்துவர் வேலாயுதம். இது குறித்து பொது நல மருத்துவர் சிவராமக் கண்ணனிடம் பேசினோம்...

“நாட்டுப்பழங்கள் மட்டுமல்ல... வீரிய ஒட்டுரக பழங்களாக இருந்தாலும் அவற்றுக்கும் மலச்சிக்கலைச் சரிசெய்யும் ஆற்றல் உண்டு. இரண்டுக்கும் பெரிய வித்தியாசம் ஒன்றும் இல்லை. எந்த வாழைப்பழமாக இருந்தாலும் அது நல்லது- தான்” என்கிறார் மருத்துவர் சிவராமக் கண்ணன்.

4. வாழைப்பழம்

பழங்கள் என்றால் அது ஆப்பிள், ஆரஞ்சி, திராட்சை என்று ஆகிவிட்ட காலத்தில் நமது முக்கனிகளில் ஒன்றா- கிய வாழைப்பழத்தை பற்றி எனக்கு தெரிந்த சில விசயங்- களை எழுதுகிறேன். பழங்களில் இதற்கு தான் வகைகள்

அதிகம். சுமார் எழுபதிற்கும் அதிகமான வகைகள் காணப்-படுகின்றன. மேலும் மற்ற பழங்களை ஒப்பிடும் போது இதன் விலையும் குறைவு. விலை குறைவான உணவு பொருட்க-ளின் தரம் எதுவும் நன்றாக இருக்காது என்று சில மேல்-தட்டு அறிவு ஜீவிகள் சுற்றி வருகிறார்கள். அவர்களுடைய வழியை இப்போது உள்ள நாகரீக கோமாளிகளும் பின்பற்-றுவதால் தான் வாழைப்பழத்தின் பெருமைகள் மங்கி விட்ட-தாக நான் நினைக்கின்றேன். மேலும் நகரங்களில் வாழைப்-பழத்தில் இரண்டு மூன்று வகைகளை தவிர மற்றவைகள் கிடைக்காததும் மற்றும் ஒரு காரணம்.

எனக்கு தெரிந்த சில வாழைப்பழங்களின் வகைகளை எனக்கு அறிமுகமான பெயரிலேயே கூறுகிறேன்.

(1) செந்த்துழுவன்(செவ்வாழை)

(2)வெள்ளைத்துழுவன்

(3)பாளையங்கொட்டை(மஞ்சள்)

(4)மோரிஸ்(பச்சை)

(5)ஏத்தன்(நேந்திரன்)

(6)இரசகதலி

(7)பூங்கதலி

(8)கற்பூரவல்லி

(9)மொந்தன்

(10)சிங்கன்

(11)பேயன்

(12)மட்டி(ஏலரிசி)

(13)மலை வாழை

இதில் உள்ள அனைத்து வாழைப்பழங்களும் பல மருத்துவ குணங்களை கொண்டவை. மேலே கூறப்பட்ட செந்துழுவனும், வெள்ளைத்துழுவனும் ஒரே இனத்தை சார்ந்தவை. இவற்றின் சுவை தித்திப்பாக மாவு போன்று இருக்கும். பாளையங்கொட்டை(மஞ்சள்)என்று அழைக்கப் படும் இந்த வாழைப்பழமானது சிறிது புளிப்பு சுவையுடையது. மற்ற ரகங்களை பார்க்கும் போது இதன் விலை சற்று குறைவாக இருக்கும். மோரிஸ்(பச்சை) பெரும்பாலும் இந்த ஒரு ரகத்தை தான் நகரங்களில் பார்க்க முடிகிறது. கிராமத்தில் இருந்து வந்தவர்கள் இதன் விலையை கேட்டால் கண்டிப்பாக வாங்க மாட்டார்கள். இதுவும் இனிப்பு தன்மையுடையது. ஏத்தன்(நேந்திரன்) இது ஏதோ கேரளாவில் இருந்து இறக்குமதி செய்யப்பட்டது என்று மக்கள் நினைக்கிறார்கள். அதுவல்ல உண்மை. தமிழ் நாட்டிலும் விளைவிக்கப் படுகிறது. மற்ற ரகங்களை விட இதன் சுவைத் தனிச்சிறப்பு. இதில் ஒரு வாழைப் பழத்தை முழுமையாக சாப்பிடுவது என்பது அனைவராலும் முடியாத காரியம். அவ்வளவு பெரிதாக இருக்கும். இதில் இருந்து தாயரிக்கப் படும் சீவல்(Banana Chips) அனைவரும் அறிந்ததே.

இரசகதலி, பூங்கதலி மற்றும் கற்பூரவல்லி இந்த மூன்றும் நல்ல இனிப்புச் சுவையைக் கொண்டவை. இதன் அளவும் பார்பதற்கு சிறிதாக இருக்கும். மொந்தன் இது பார்பதற்கு நேந்திரன் போல் தோற்றம் அளித்தாலும் இதன் சுவையில் இனிப்பு தன்மை குறைவாக இருக்கும். சிங்கன் இது அரிதாக கிடைக்க கூடியது. இது பல மருத்துவ குணம் கொண்டது. இது பார்ப்பதற்கு பச்சை வாழைப்பழம் போல் இருக்-

கும். இது தென்பகுதிகளில் சமைக்கப் படும் அவியலில் பச்சை காய்கறியாக சேர்க்கப் படுவது இதன் சிறப்பு. பேயன் இது தான் நமது ஊரில் பஜ்ஜி போடுவதற்கு பெரும்பாலும் பயன்படுத்தப் படுக்கிறது. இதன் சுவையும் தித்திப்பே. மட்டி இது வாழைப்பழ ரகங்களில் மிக சிறியது. ஆனால் இதன் சுவைப் பல மடங்கு இனிப்பானது. இதில் மாவுத் தன்மை இருப்பதால் குழந்தைகளுக்கு பெரும்பாலும் கொடுக்கப்படும். இந்த பழத்திலும் மருத்துவ குணம் அதிகம். மலை வாழை இதன் சுவை தனி. இதுவும் எல்லா இடங்களிலும் கிடைப்பது இல்லை.

வாழைப் பழத்தில் பல மருத்துவ குணங்கள் அடங்கியுள்ளன. வாழைப் பழத்தில் எழுபதிற்கும் அதிகமான வகைகள் காணப்படுகின்றன. ஒவ்வொன்றிலும் ஒவ்வொரு மருத்துவ குணங்கள் உள்ளன. வாழைப்பழத்தில் கர்போஹைடிரேட், புரதம், கொழுப்பு முதலான உணவுச் சத்துக்களும் A, B, C வைட்டமின்களும் அடங்கியுள்ளன. சுண்ணாம்புச் சத்து, இரும்புச்சத்து, பொட்டாசியம், சோடியம், பாஸ்பரஸ், சிறிய அளவில் செம்புச்சத்தும் அடங்கியுள்ளன. நார்ச்சத்தும், ரிபோபிளேவின், தயாமின் முதலான வைட்டமின்களும் உள்ளன. வாழைப் பழத்தில் இருந்து தாயரிக்கப் படும் எண்ணெய் ஆனது சரும அழகை பாதுகாக்கப் பயன்படுகிறது. இதய நோய் உடையவர்களும் வாழைப் பழத்தை உண்ணலாம்.

வாழைப் பழ சாகுபடியில் கன்னியாகுமரி மாவட்டம் ஒரு முக்கிய பங்கு வகிக்கிறது என்பதை உங்களுக்கு கூறுவதில் பெருமை அடைகிறேன். நான் மேலே சொன்ன வாழைப் பழ வகைகளை பல பேர் கண்ணால் பார்த்து கூட இருக்க மாட்டார்கள். நான் அனைத்து பழங்களையும் ஒரே இடத்தில் பார்த்தும் இருக்கிறேன். சாப்பிட்டும் இருக்கிறேன். எனது மாவட்டத்தில் தக்கலை என்ற இடத்தை அனைவரும் அறிந்ததே. அதன் அருகில் உள்ள ஒரு சந்தையின் பெயர் "பேட்டை சந்தை". வாழைத் தார்கள் மட்டுமே விற்பதற்காக அமைக்கப் பட்ட சந்தை. இங்கு வேறு எந்த பொருட்-

களும் கிடைக்காது. வாரத்தில் புதன் மற்றும் ஞாயிறு மட்-டுமே கூடுகின்றது. இந்த இரண்டு நாட்களும் வாழைத் தார்கள் மலைப் போல் அடுக்கி வைக்கப்பட்டு இருக்கும். அனைத்து உள்ளூர் மற்றும் வெளியூர் வியாபாரிகளையும், ஏற்றுமதியாளர்களையும் அன்றய தினம் பார்க்க முடியும். அனைத்து வாழைப் பழ ரகங்களை ஒரே இடத்தில் சாகுபடி செய்தவரிடமே எந்த வித இடைத்தரகர்கள் இல்லாமல் வாங்க முடிவது இந்த பேட்டை சந்தையின் சிறப்பு. இங்கு இருந்து வெளிநாடுகளுக்கும் வாழைத் தார்கள் ஏற்றுமதிச் செய்யப்படுகின்றன. இப்போது இந்த சந்தையானது "தக்-கலை வாழைக்குலை சந்தை" என்று அழைக்கப்பட்டு வரு-கிறதாம். மேலும் இந்த சந்தையானது காங்கிரிட் தளம் போடப்பட்டு புதுப்பிக்கப்பட்டுள்ளதாம். வாரத்தின் புதன் மற்-றும் ஞாயிறு தவிர மற்ற நாட்களில் காய்கறி சந்தையாகவும் செயல் படுகிறதாம்.

மேலும் நான் எனது ஊரில் பார்த்த ஒன்று வாழைத் தார்-களின் அளவு. கோவில் திருவிழாக்களில் இதற்காகவே போட்டிகள் நடத்துவார்கள். அதாவது கோவில் திருவிழாக்-களின் முதல் நாளில் அவரவர் தோட்டங்களில் விளைந்த வாழைத் தார்களில் பெரிய தாரை மரத்துடன் வெட்டி கொண்டு வந்து நட்டு விடுவார்கள். திருவிழா முற்றம் முழு-வதும் வாழை மரங்களின் அணிவகுப்பை தான் பார்க்க முடியும். திருவிழாவின் இறுதி நாளில் கோவில் நிர்வாகத்-தின் நடுவர்களால் பார்வையிடப் பட்டு மிகப் பெரிய அளவு வாழைத் தாருக்கு பரிசும் பணமும் வழங்கப்படும். இங்கு நான் வாழை மரத்தின் உயரத்திற்கு வாழைத் தாரை பார்த்-ததுண்டு. இந்த போட்டியில் கலந்து கொள்வதற்கு என்று ஒவ்வொரு தோட்டத்திலும் வாழை மரங்கள் வளர்ப்பது உண்டு. அந்த வாழைத் தார்களை "பந்தயகுலை" என்று அழைப்பார்கள்.

5. தேன் போல் இனிக்கும் மட்டி வாழை:

புவிசார் குறியீடு பெற்ற இதில் உள்ள சிறப்புகள் என்ன?

சுண்டு விரல் அளவுள்ள மட்டி ரக வாழைப்பழம் தேன் போன்ற தித்திப்பு சுவையும் ஊர் முழுவதும் வாசம் வீசும் தன்மையும் உடையது. தனிச் சிறப்புடைய கன்னியாகுமரி மட்டி வாழை பழத்திற்கு சமீபத்தில் புவி சார் குறியீடு கிடைத்துள்ளது. மட்டி வாழைப் பழத்திற்கு புவிசார் குறியீடு கிடைத்தது ஏன், கன்னியாகுமரி மாவட்டத்தில் விளையும் மட்டி வாழை மட்டும் எப்படி இவ்வளவு ருசியாக உள்ளது என்பன குறித்து இந்தக் கட்டுரையில் காண்போம்.

மட்டி ரக வாழையின் பிறப்பிடம் கன்னியாகுமரி மாவட்-டத்தில் மேற்குத்தொடர்ச்சி மலைப் பகுதிதான். காணி பழங்-குடியின மக்களால் சாகுபடி செய்யப்பட்டு வந்த மட்டி வாழை மரங்கள் காலப்போக்கில் சமவெளிப் பகுதிகளுக்கும் பரவியிருக்கலாம், என்கிறார் துவரங்காடு பகுதியைச் சேர்ந்த முன்னோடி விவசாயியான 70 வயது நிரம்பிய செண்பகசே-கரன் பிள்ளை.

இதுகுறித்து அவர் மேலும் கூறுகையில், "எனது சிறு வயதில் மலைப் பகுதிகளில் இருந்து மட்டி குலைகள் விற்பனைக்குக் கொண்டு வரப்படுவதைப் பார்த்துள்ளேன். கடைகளில் தொங்கவிடப்பட்டுள்ள மட்டி குலைகள் பழுத்-துவிட்டால் அந்த ஊர் முழுவதும் வாசம் வீசும். ரசாயன உரங்களைப் பயன்படுத்தாமல் மலைப் பகுதிகளில் வளர்க்-கப்படும் மட்டி வாழை பழத்தின் ருசியும், மணமும் தனித்-துவம் வாய்ந்ததாக இருக்கும். 4 அல்லது 5 சீப்புகள் கொண்ட சிறிய தாராக மட்டி வாழைத்தார் இருக்கும்.

குமரி மாவட்டத்தில் ஆறு மாதமான குழந்தைகளுக்கு தாய் பாலுக்கு அடுத்தப்படியாக திட உணவு வழங்கத் தொடங்கும்போது மட்டி பழம் கொடுப்பது வழக்கம். எளிதில் ஜீரணமாகும், ஜலதோஷம் பிடிக்காது, எந்தவித வயிறு சம்-பந்தமான உபாதைகளும் வராது என்பதால் தாய்ப் பாலை

போல மட்டி பழமும் குழந்தைகளுக்குக் கொடுக்கப்படுகிறது," என்றார் அவர்.

முன்பு கன்னியாகுமரி மாவட்டத்தில் மேற்குத் தொடர்ச்சி மலையின் அருகில் அமைந்துள்ள கல்குளம், விளவங்கோடு, தோவாளை தாலுகாக்களில் மட்டி வாழை அதிகம் சாகுபடி செய்யப்பட்டது. ஆனால் தற்போது மாவட்டத்தின் அனைத்துப் பகுதிகளிலும் பரவலாக மட்டி வாழை சாகுபடி நடக்கிறது.

கடந்த 1965இல் கேரளாவை சேர்ந்த ஆய்வாளர் ஜேக்கப் குரியன் (Jacob Kurien) திருவிதாங்கூர் பகுதியில் உள்ள 165 ரக வாழைப் பழங்களை ஆவணப்படுத்தி எழுதிய Madras Bananas-A Monograph என்ற புத்தகத்தில் அரிய வகையைச் சேர்ந்த மட்டி வாழைகள் நாகர்கோவில் அருகில் உள்ள 'தென் திருவிதாங்கூர்' மலைகளில் மட்டுமே விளைகிறது என்று குறிப்பிட்டுள்ளார். (மொழி வாரியாக மாநிலங்கள் பிரிக்கப்படுவதற்கு முன்பு கேரளாவோடு இருந்த கன்னியாகுமரி மாவட்டப் பகுதிகள் தென் திருவிதாங்கூர் என அழைக்கப்பட்டது)

இதன் மூலம் மட்டி வாழை ரகத்தின் பிறப்பிடம் கன்னியாகுமரி மாவட்டம்தான் என்பதை உறுதியாகக் கூறலாம் என்கிறார், நாகர்கோவில் ஸ்காட் கிருஸ்தவ கல்லூரி தாவரவியல் துறை இணை பேராசிரியர் முனைவர் லோகிதாஸ். கன்னியாகுமரி மாவட்டத்தில் கிடைக்கக்கூடிய முப்பதுக்கும் மேற்பட்ட வாழை ரகங்கள் குறித்து ஆய்வு செய்து முனைவர் பட்டம் பெற்றுள்ளார் பேராசிரியர் லோகிதாஸ்.

மட்டி வாழை குறித்து அவர் மேலும் கூறுகையில், "அதிகம் மழைப் பொழிவு உள்ளதாலும், மேற்குத் தொடர்ச்சி மலையோரப் பகுதிகளில் உள்ள மண் வளத்தின் காரணமாகவும், கன்னியாகுமரி மாவட்டத்தில் விளைவிக்கப்படும் மட்டி பழத்தின் சுவையும், வாசமும் தனித்துவமாக இருக்கும். ஆனால் இதே மட்டி வாழையை வேறு பகுதிகளில் பயிரிட்டால் இதே சுவையும் வாசனையும் கிடைப்பதில்லை."

மட்டி வாழையில் ஆறு வகைகள் உள்ளதாகவும் அவர் விளக்குகிறார். அவை,

நல் மட்டி
கல் மட்டி
நெய் மட்டி
தேன் மட்டி
சுந்தரி மட்டி
செம்மட்டி

"மட்டி வாழையில் அஸ்கார்பிக் அமிலம் (Ascorbic acid) அதிக அளவில் உள்ளது. இது குழந்தைகளின் வளர்ச்சியை அதிகரிக்க உதவுவதோடு மனநிலையை மேம்படுத்தும் (Mood enhancer) ஊட்டச்சத்துகளும் நிறைந்துள்ளன.

வாழைப் பழங்களில் அதிக சர்க்கரை அளவாக நேந்திரன் வாழை பழத்தில் 180 மில்லி கிராம் சர்க்கரை உள்ளது. ஆனால் செம்மட்டி வாழை பழத்தில் 18 மில்லி கிராம் அளவுதான் சர்க்கரை உள்ளது. எனவே மிகக் குறைந்த அளவு சர்க்கரை உள்ள செம்மட்டி பழத்தை நீரிழிவு நோயாளிகள்கூட சாப்பிடலாம்.

இதன் அளவு சிறியதாக இருப்பதால் மட்டி வாழைத் தாரின் எடை குறைவு. இதனால் மட்டி வாழை தார் விற்பனை மூலம் விவசாயிகளுக்குக் கிடைக்கும் வருவாயும் குறைவு. எனவே மட்டி வாழையை சாகுபடி செய்ய விவசாயிகள் அதிகம் ஆர்வம் காட்டுவதில்லை," என்கிறார் பேராசிரியர் லோகிதாஸ்.

கன்னியாகுமரி மாவட்டத்தில் சுமார் 5000 ஹெக்டேர் பரப்பில்தான் வாழை சாகுபடி நடைபெறுகிறது. அதிலும் மட்டி வாழை சாகுபடி செய்யப்படும் பரப்பளவு மிகவும் குறைவுதான், என்கிறார் மாவட்ட தோட்டக்கலைத்துறை துணை இயக்குநர் ஷீலா ஜான்.

இது குறித்து அவர் பேசியபோது, "கன்னியாகுமரி மாவட்டத்தில் நேந்திரன் மற்றும் செவ்வாழை ரகங்களைத்தான் விவசாயிகள் அதிகம் பயிரிடுகின்றனர். மட்டி

வாழையை தனி பயிராக, அதாவது ஒரு தோட்டம் முழுவதும் மட்டி வாழை எனப் பயிரிடுவது கிடையாது.

ஒரு தோட்டத்தில் ஆயிரம் நேந்திரன் வாழைகள் பயிரிடும்போது, இடையே 100 அல்லது 150 மட்டி வாழைக் கன்றுகளையும், ரசகதலி ரக வாழைக் கன்றுகளையும் நட்டு வளர்கின்றனர். திடிரென விலை சரிவு ஏற்பட்டால் அதிக நஷ்டம் ஏற்படலாம் என்பதாலும், பழுத்தவுடன் சீக்கிரம் கெட்டு விடும் தன்மை இருப்பதாலும் மட்டி வாழையை விவசாயிகள் அதிகம் பயிரிடுவதில்லை," என்று கூறுகிறார்.

மணம், சுவை குறையக் காரணம் ரசாயன உரமா?

தற்போதுள்ள மட்டிப் பழங்களில் முன்பு போல் மணமும் சுவையும் இல்லாமல் இருப்பதற்கு முக்கியக் காரணம் அதிகப்படியான ரசாயன உரங்கள் பயன்படுத்துவதுதான் என்று கூறுகிறார் ஷீலா ஜான். கன்னியாகுமரி மாவட்டத்தில் நிலங்களை குத்தகைக்கு எடுத்து விவசாயம் செய்யும் சிறிய விவசாயிகள்தான் அதிகம்.

"குத்தகைக்கு எடுத்துள்ள குறுகிய காலத்தில் அதிக லாபம் எடுத்துவிட வேண்டும் என்ற எண்ணத்தில் அவர்கள் நிலத்தில் அதிகப்படியான ரசாயன உரங்களைப் பயன்படுத்துகின்றனர். இதனால் மண் வளம் கெட்டு மட்டி வாழைப் பழத்தின் இயற்கையான மணமும் ருசியும் குறைந்துவிட்டது.

ஆனால், மாவட்டத்தில் இயற்கை முறையில் விவசாயம் செய்யும் ஒரு சில விவசாயிகள் பயிரிடும் மட்டி வாழையில் முன்பு இருந்தது போல் மணமும் ருசியும் இன்றும் உள்ளது," என்று தெரிவித்தார் தோட்டக்கலைத்துறைத் துணை இயக்குநர் ஷீலா ஜான்.

நேந்திரன் வாழையோடு ஒப்பிடும்போது மட்டி வாழையில் நோய்த் தாக்குதல் ஏற்படுவது சற்று அதிகம்தான், என்கிறார் தக்கலை ஆழ்வார்கோயில் பகுதியில் வாழை பயிரிட்டுள்ள விவசாயி கிருஷ்ணகுமார். மட்டி வாழை சாகுபடி குறித்து அவர் மேலும் கூறுகையில், ஒரு மட்டி வாழைத் தார் சராசரியாக 12 கிலோவும், அதிகபட்சமாக 16 முதல் 17 கிலோ வரையும் எடை இருக்கும். ஒரு வாழைத் தாரில் 8 முதல்

16 சீப்பு வரை மட்டிப் பழம் இருக்கும். மட்டி வாழை கன்று வளர்ந்து அறுவடைக்கு வர 11 முதல் 12 மாதங்கள் வரை ஆகலாம்.

குறிப்பிட்ட சீசன் என்று இல்லாமல் மட்டி வாழைப் பழத்தைப் பொருத்தவரை ஆண்டு முழுவதும் இதற்கு சந்தை வாய்ப்பு உள்ளது. நேந்திரன் மற்றும் செவ்வாழை தார்களை வாங்க வியாபாரிகள் தோட்டத்திற்கே வருவார்கள். ஆனால் மட்டி வாழையைப் பொருத்தவரை சந்தைக்குக் கொண்டு சென்றுதான் விற்க வேண்டும். அதேபோல் கேரள சந்தைகளுக்கு மட்டி வாழை தார்கள் செல்வதும் குறைவு.

நான் இயற்கை முறையில் வாழை சாகுபடி செய்வதால் ஒரு சிலர் தேடி வந்து வாங்கிச் செல்கின்றனர். சென்னை, பெங்களூரு பகுதிகளில் உள்ள உறவினர்கள் மற்றும் நண்பர்களுக்கு இங்கிருந்து மட்டி வாழை தார்களை சிலர் வாங்கி அனுப்பவும் செய்கின்றனர். கன்னியாகுமரி மாவட்டத்தில் திருவட்டார், தக்கலை, ராஜாக்கமங்கலம் பகுதிகளில் மட்டி வாழை அதிகம் பயிரிடப்படுகிறது. மேலும் இப்பகுதிகளில் பயிரிடப்படும் வாழைப் பழத்தின் சுவையும் அதிகமாக இருக்கும்.

சாதாரண மட்டி சுமார் 240 கன்றுகளும் சில செம்மட்டி கன்றுகளும் எனது தோட்டத்தில் உள்ளன. செம்மட்டி உள்ளிட்ட மட்டி வாழை ரகங்களை விற்பனைக்காக விவசாயிகள் அதிக எண்ணிக்கையில் பயிரிடுவது இல்லை. வீட்டுத் தேவைகளுக்கு ஒன்றிரண்டு கன்றுகள்தான் வளர்க்கப்படுகின்றன.

கன்னியாகுமரி மட்டி வாழைக்கு புவிசார் குறியீடு கிடைத்துள்ளதால் பொதுமக்கள் மத்தியில் மட்டி வாழை குறித்த விழிப்புணர்வு அதிகரிக்கும். இதன்மூலம் விற்பனை அதிகரித்தால் விவசாயிகளும் இன்னும் கூடுதலாகப் பயிரிடத் தொடங்குவார்கள்," என்றார் கிருஷ்ணகுமார்.

கன்னியாகுமரி மாவட்டத்தில் இருந்து தற்போது நாகர்கோவில் ஆப்டா (APPTA) சந்தைக்கு விற்பனைக்கு வரும் மட்டி வாழை தார்களின் எண்ணிக்கை மிக குறைவு.

ஆனால் திருநெல்வேலி, தூத்துக்குடி உள்ளிட்ட பக்கத்து மாவட்டங்களில் இருந்துதான் அதிக எண்ணிக்கையிலான மட்டி வாழை தார்கள் விற்பனைக்கு வருகின்றன, என்கிறார் ஆப்டா சந்தையில் வாழைத் தார் மொத்த விற்பனை கடை வைத்துள்ள சுரேஷ்.

வழக்கமாக பங்குனி, சித்திரை மாதங்களில் மட்டி வாழைத் தாரின் வரத்து அதிகமாக இருக்கும். சுமார் 500 முதல் 600 வாழைத் தார்கள் வரை தினமும் சந்தைக்கு விற்பனைக்கு வரும். அப்போது மட்டி வாழைப் பழங்கள் கிலோ 30 முதல் 60 ரூபாய் வரை விற்பனையாகும்.

ஆனி, ஆடி, ஆவணி, புரட்டாசி மாதங்களில் வரத்து குறைவாக நாள் ஒன்றுக்கு சுமார் 60 முதல் 100 மட்டி வாழைத் தார்கள் வரை சந்தைக்கு விற்பனைக்கு வரும். இந்தக் காலகட்டத்தில் மட்டி வாழை கிலோ 130 ரூபாய் வரை விற்பனையாகும். கன்னியாகுமரி மட்டி வாழை பழத்திற்கு புவிசார் குறியீடு கிடைத்த பிறகு, பொது மக்களிடம் விழிப்புணர்வு ஏற்பட்டுள்ளது. விற்பனையும் சற்று அதிகரித்துள்ளது," என்றார்.

கன்னியாகுமரி மாவட்ட சந்தைகளில் இருந்து ஆண்டுக்கு சுமார் 1800 முதல் 2100 மெட்ரிக் டன் வரை மட்டி வாழைப் பழங்கள் விற்பனையாவதாக, வேளாண் துறை தரவுகள் தெரிவிக்கின்றன. ஆனால் இது தோராயமான கணக்குதான் என்றும், புவிசார் குறியீடு கிடைத்துள்ள நிலையில் இனிதான் சரியான தரவுகள் சேகரிக்கப்பட உள்ளதாகவும் வேளாண் துறை அதிகாரிகள் தெரிவித்தனர்.

6. இனிப்பின் உச்சம்

சாதாரணமாக நினைக்கும் வாழைப்பழத்தில் நாம் நினைத்து பார்ப்பதை விட பல சத்துக்கள் நிறைந்துள்ளன.

"வாழைப்பழத்தில் எண்ணற்ற வகைகள் உள்ளன. செவ்வாழை, ரஸ்தாளி, கற்பூரவள்ளி, பூவன் பழம், மலை (பச்சைப்பழம்), மலைப்பழம், பேயன் பழம், மொந்தம் பழம்,

மட்டி பழம், ஏலக்கி போன்ற வகைகளில் வாழைப்பழம் இருக்கிறது.

வாழைப்பழத்தின் ஒவ்வொரு வகையும் ஒவ்வொரு விதத்தில் மருத்துவ குணமும், தனித்துவமான சுவையும் கொண்டது என்பது வாழைப்பழத்தின் சிறப்பம்சம். பழங்களிலேயே மிக அதிக வகைகளைக் கொண்டது வாழைப்பழம் மட்டும்தான். இத்தகைய வாழைப்பழத்தின் வகைகள் பற்றியும், அதன் பலன்கள் பற்றியும் தெரிந்துகொள்ளலாம்.

இதில் வைட்டமின் ஏ, வைட்டமின் பி-6, வைட்டமின் சி, மக்னீசியம், நார்ச்சத்துக்கள் ஆகியவை நிறைந்துள்ளன. இந்த சத்து விபரங்கள் எல்லா வாழைப்பழத்துக்கும் பொருந்தும். இருப்பினும் தனித்தனியே ஒவ்வோர் வாழைப்பழத்தின் சிறப்பு அம்சத்தையும், பலன்களையும் பார்க்கலாம்.

புவன் பழம் மூல நோய்களுக்கு உகந்தது. ஆர்த்ரைட்டிஸ் உள்ளவர்களுக்கு பலன் தரக்கூடியது. பித்தம் உள்ளவர்கள் உட்கொள்வதும் நல்லது.

செவ்வாழை இதில் பீட்டா கரோட்டீன், பொட்டாசியம், வைட்டமின்-சி, ஆன்டி ஆக்ஸிடென்ட், நார்ச்சத்து போன்றவை இருக்கிறது. சொரி, சிரங்கு, சரும வெடிப்பு போன்ற சரும நோய்களுக்கு செவ்வாழை சிறந்த நிவாரணத்தைத் தருகிறது. தொற்றுநோய் கிருமிகளைக் கொல்லும் ஆற்றலை கொண்டது. சிறுநீரகத்தில் கல் ஏற்படுவதைத் தடுக்கிறது. மலச் சிக்கலை குணப்படுத்துகிறது. பொட்டாசியம், சோடியம், வைட்டமின் பி - 6, மற்றும் நார்ச்சத்துக்கள் அடங்கியது. உடல் எடையைக் குறைக்க உதவுகிறது.

பச்சை வாழைப்பழத்தில் பொட்டாசியம் அதிகம் இருப்பதால் மூளையின் செயல்பாட்டை அதிகரிக்கும். இதில் குறைந்த அளவு புரதம் மற்றும் உப்புச் சத்து இருக்கிறது. சிறுநீரகப் பிரச்னைகளை சரி செய்யும். அத்தோடு மன அழுத்தமும் குறையும். உடலின் ஜீரண சக்தியை அதிகரிக்கச் செய்கிறது.

ஏலக்கி வாழைப்பழத்தில் கார்போஹைட்ரேட் அதிகம் உள்ளது, இது தசைக்கு நல்லது, மலச்சிக்கலுக்கு சிறந்த

மருந்து.

7. விருப்பாச்சி

விருப்பாச்சி மலை வாழைப்பழம் (Virupakshi Hill Banana) என்பது இந்தியாவின் தமிழ்நாடு மாநிலத்தில் மேற்குத் தொடர்ச்சி மலையில் உள்ள விருப்பாச்சி பகுதியில் விளையும் ஒரு வகை வாழைப்பழம் ஆகும். இதற்கு 2008-09-இல் இந்திய புவிசார் குறியீடு தகுதி அறிவிக்கப்-பட்டது.

விளக்கம் - இந்த வாழை மேற்கு தொடர்ச்சி மலையில் பழனி மலையை ஒட்டி அதிக உயரத்தில் பயிரிடப்படுகிறது. இது பெரும்பாலும் தென்மேற்கு பருவமழைக் காலத்தில் மானாவாரி பயிராகப் பயிரிடப்படுகிறது. 1990களில், வாழை கொத்து மேல் வைரசு நோயினால் இந்த வாழைப் பயிர் கடுமையாகப் பாதிக்கப்பட்டதால், சாகுபடி பகுதியில் 90%க்கும் அதிகமாகச் சாகுபடி குறைந்தது. இதைப் போக்க பல்வேறு நடவடிக்கைகள் எடுக்கப்பட்டதால், கடந்த பத்-தாண்டுகளில் சாகுபடி பகுதி மீண்டும் அதிகரித்துள்ளது.

ஒவ்வொரு வாழை மரமும் 70-100 பழங்களைக் கொண்டிருக்கும். சுமார் 18 மாதங்களுக்குப் பிறகு வாழைக்-குலை அறுவடை செய்யப்படும். பழங்கள் மஞ்சள்-பச்சை நிறத்தில் உள்ளன. இதன் தனித்துவமான வாசனை, சுவைக்காக இது அறியப்படுகின்றன. பழுத்த பழங்கள் தடி-மனான தோலுடன் உறுதியாக இருக்கும். பழனியில் உள்ள தண்டாயுதபாணி சுவாமி கோவிலில் தயாரிக்கப்படும் பழனி பஞ்சாமிர்தத்தில் பயன்படுத்தப்படும் ஐந்து பொருட்களில் இந்தப் பழமும் ஒன்றாகும்.

8. வாழைப்பழம்

வாழைப்பழம் (banana) என்பது தாவரவியலில் சதைப் பற்றுள்ள கனியும், வாழைப் பேரினத்தில் உள்ள பெரும்

குறுஞ்செடி வகைப் பூக்கும் தாவரத்தில் உற்பத்தியாகும் உண்ணத்தக்க பழமுமாகும். மா, பலா, வாழை என்ற முக்கனிகளில் கடைசி பழமாக இருந்தாலும் உலக மக்களால் தினம் விரும்பி சாப்பிடப்படும் முதல் பழம் வாழைப்பழமே. எந்தக் காலத்திலும் எப்போதும் எந்த இடத்திலும் கிடைக்கக்கூடிய இனிய பழம் இது. சுபகாரியங்கள் அனைத்திலும் முதலிடம் பெறுவது இப்பழம் குழந்தைகள் முதல் குடுகுடு கிழவன் விரும்பி உண்ணும் பழம் சில நாடுகளில் இது சமைக்கும் வாழைக் காய்களாகப் பயன்படுத்தப்படுகிறது. இப்பழங்கள் அளவு, நிறம், கெட்டியான தன்மை என்பவற்றால் பல வகைகளாக உள்ளபோதிலும், இவை பொதுவாக நீண்டு வளைந்திருக்கும். மிருதுவான சதையைக் கொண்ட இது மஞ்சள், பச்சை, சிவப்பு, பளுப்பு, ஊதா நிறத் தோல்களினால் மூடப்பட்டிருக்கும். கன்னியாகுமரி மாவட்டத்தில் ,பலவிதமான வாழைபழங்கள் பெயரிடப்படுகின்றன.. அதிலும் கடுக்கரை நேந்திரம் பழம் (ஏத்தன்பழம்) உலக தரம் வாய்ந்தது,மட்டிபழம் குமரி மாவட்ட்த்தில் மட்டுமே விளையும் சத்துமிகுந்த பழம்..

வரலாறு - வாழைப்பழம் முதலில் ஆசியாவில் தோன்றியது பின்னர் . மத்திய அமெரிக்கா, வட அமெரிக்காவிற்கு போனது. கி.மு 327 ல் அலெக்ஸாண்டர் இந்தியாவிற்கு படையெடுத்து வந்த போது வாழைப்பழத்தை விரும்பிச் சாப்பிட்டிருக்கிறார். திரும்பிப் போகும் போது கிரேக்க நாட்டிலும் மேலை நாடுகளிலும் அறிமுகப்படுத்தியதாக கூறப்படுகிறது.. அரேபியர்கள் இதை அடிமை வியாபாரத்துடன் சேர்த்து விற்பனை செய்தனர். முற்காலத்தில் வாழைப்பழம் விரல் நீளம்தான் இருக்கும். அரேபிய மொழியில் பனானா என்றால் விரல் என்று அர்த்தம். எனவே இப்பழத்திற்கு இப்பெயர் சூட்டப்பட்டது.

சொற்பிறப்பு - வாழைப்பழம் என்ற சொல் மேற்கு ஆபிரிக்க வம்சாவளியைச் சேர்ந்ததாக கருதப்படுகிறது, இது வாழைப்பழத்தின் "வோலோப்" வார்த்தையிலிருந்து இருக்கலாம், மேலும் இது ஸ்பானிஷ் அல்லது போர்த்துகீசியம்

வழியாக ஆங்கிலத்திற்கு அனுப்பப்பட்டது.

வகைப்பாடு - மூசா இனத்தை 1753 இல் கார்ல் லின்னேயஸ் உருவாக்கியுள்ளார். அகஸ்டஸ் சக்கரவர்த்தியின் மருத்துவர் அன்டோனியஸ் மூசாவிடமிருந்து இந்த பெயர் பெறப்பட்டிருக்கலாம் அல்லது வாழைப்பழம், ம uz ஸ் என்ற அரபு வார்த்தையை லின்னேயஸ் தழுவியிருக்கலாம். லத்தீன் மொழிச் சேர்க்கை காரணமாக பழைய உயிரியல் பெயர் மூசா சேபியண்டம் மூசஸ் என பெயர் பெற்றிருக்கலாம்.

வாழைப்பழங்களின் வேறுபாடு - வட அமெரிக்கா மற்றும் ஐரோப்பா போன்ற பிராந்தியங்களில், விற்பனைக்கு வழங்கப்படும் 'மூசா' பழங்களை அவை உணவாகப் பயன்படுத்தப்படுவதன் அடிப்படையில். "வாழைப்பழங்கள்" மற்றும் "வாழைப்பழம்" எனப் பிரிக்கலாம். வாழை தயாரிப்பாளரும் விநியோகஸ்தருமான சிக்விடா என்ற அமெரிக்க நிறுவனம் அமெரிக்க சந்தைக்கு "ஒரு வாழைப்பழம் ஒரு வாழை அல்ல" என்று விளம்பரத்தில் கூறுகிறது. வேறுபாடுகள் என்னவென்றால், வாழைப்பழங்கள் அதிக மாவுச்சத்து மற்றும் குறைந்த இனிப்பு கொண்டவை; அவை பச்சையாக இல்லாமல் சமைக்கப்படுகின்றன; அவை அடர்த்தியான தோலைக் கொண்டுள்ளன, அவை பச்சை, மஞ்சள் அல்லது கருப்பு நிறமாக இருக்கலாம்; அவை பழுத்தவுடன் எந்த கட்டத்திலும் பயன்படுத்தப்படலாம்.

முதன்முதலில் இரண்டு "இனங்கள்" "மூசா" என்று பெயரிடும் போது வாழைப்பழங்களுக்கும் வாழைக்கும் இடையில் லின்னேயஸ் வேறுபாட்டைக் காட்டினார். மேற்கு ஆப்பிரிக்கா மற்றும் லத்தீன் அமெரிக்காவில் உணவு போன்று பயன்படுத்தப்படும் மிக முக்கியமான வாழை சாகுபடியின் "வாழைப்பழ துணைக்குழு" உறுப்பினர்கள் சிக்விட்டாவின் நீண்ட கூர்மையான பழங்களைக் கொண்டுள்ளதென்ற விளக்கத்துடன் ஒத்திருக்கிறார்கள். அவற்றை ப்ளோட்ஸ் மற்றும் பலர் விவரித்தனர். உண்மையான வாழைப்பழங்கள், மற்ற சமையல் வாழைப்பழங்களிலிருந்து

வேறுபடுகின்றன. கிழக்கு ஆப்பிரிக்காவின் சமையல் வாழைப்பழங்கள் கிழக்கு ஆப்பிரிக்க ஹைலேண்ட் வாழைப்பழங்கள் ஆகிய இரண்டும் வேறு குழுவைச் சேர்ந்தவை,

கேவென்டிஷ் வாழைப்பழங்கள் மிகவும் அதிமாக விற்கப்படும் பொதுவான இனிப்பு வாழைப்பழங்கள்

ஒரு மாற்று அணுகுமுறை வாழைப்பழத்தை இனிப்பு வாழைப்பழங்கள் மற்றும் சமையல் வாழைப்பழங்களாக பிரிக்கிறது வாழைப்பழங்கள் சமையல் வாழைப்பழத்தின் துணைக்குழுக்களில் ஒன்றாகும். கொலம்பியாவில் உள்ள சிறு விவசாயிகள் பெரிய வணிகத் தோட்டங்களை விட பரந்த அளவிலான சாகுபடியை மேற்கொள்கிறார்கள். இந்த சாகுபடிகளின் ஆய்வில், அவற்றின் குணாதிசயங்களின் அடிப்படையில் குறைந்தது மூன்று வகைகளாக பிரிக்கப்படுகிறது: இனிப்பு வாழைப்பழங்கள், வாழைப்பழம் அல்லாத சமையல் வாழைப்பழங்கள் மற்றும் வாழை.

பல வாழைப்பழங்கள் உணவாகவும் மற்றும் சமைக்கவும் பயன்படுத்தப்படுகின்றன. பச்சையாக சாப்பிடுவதை விட சிறியதாக இருக்கும் மாவுச்சத்து சமையல் வாழைப்பழங்கள் உள்ளன. இவற்றில் வண்ணங்கள், அளவுகள் மற்றும் வடிவங்களின் வரம்பு ஆப்பிரிக்கா, ஐரோப்பா அல்லது அமெரிக்காவில் வளர்ந்த அல்லது விற்கப்பட்டதை விட மிகவும் வேறுபாடு காணப்படுகின்றது

சுருக்கமாக, ஐரோப்பாவிலும் அமெரிக்காவிலும் உள்ள வர்த்தகத்தில் (சிறிய அளவிலான சாகுபடியில் இல்லை என்றாலும்), பச்சையாக உண்ணப்படும் "வாழைப்பழங்கள்" மற்றும் சமைக்கப்படும் "வாழைப்பழங்கள்" ஆகியவற்றை வேறுபடுத்துவது சாத்தியமாகும். உலகின் பிற பிராந்தியங்களில், குறிப்பாக இந்தியா, தென்கிழக்கு ஆசியா மற்றும் பசிபிக் தீவுகளில், இன்னும் பல வகையான வாழைப்பழங்கள் உள்ளன. வாழைப்பழங்கள் பல வகையான சமையல் வாழைப்பழங்களில் ஒன்றாகும், அவை எப்போதும் இனிப்பு வாழைப்பழங்களிலிருந்து வேறுபடுவதில்லை.

வாழைப்பழ வகைகள்

பேயன் வாழைப்பழம், ரஸ்தாளி வாழைப்பழம், பச்சை வாழைப்பழம், நாட்டு வாழைப்பழம், மலை வாழைப்பழம், நவரை வாழைப்பழம், சர்க்கரை வாழைப்பழம், செவ்வாழைப்பழம், பூவன் வாழைப்பழம், கற்பூர வாழைப்பழம், மொந்தன் வாழைப்பழம், நேந்திர வாழைப்பழம், கரு வாழைப்பழம், அடுக்கு வாழைப்பழம் வெள்ளை வாழைப்பழம், ஏலரிசி வாழைப்பழம், மோரீஸ் வாழைப்பழம், மட்டி வாழைப்பழம் என பலவகைகள் உள்ளன.

பேயன்

தடிமனான தோல் கொண்ட இனிப்புச்சுவை உள்ள பழம்

அதிக சூடான உடம்பைப் பேயன்பழம் மூலம் சமன்படுத்தலாம். அதாவது சூட்டைத் தணிக்கும் தன்மை கொண்டது பேயன்.

குழந்தைகளுக்கு ஏற்படும் கணச் சூட்டைத் தணிக்கும் இயல்பு கொண்டது

உடல் நலத்திற்கு நல்லது

மலச்சிக்கலை நீக்கும்

உடலில் அதிகக் குளிர்ச்சி கொண்டவர்கள் இப்பழத்தை நாடுவது நல்லதல்ல. ஏனெனில் இது நுரையீரலில் கோழையைக் கட்ட வைத்து நுரையீரலைக் கெடுத்துவிடும். வாரத்திற்கு இரண்டோ மூன்றோ சாப்பிடலாம்.

ரஸ்தாளி

உண்பதற்கு சுவையாக இருக்கும் இப்பழம் வாத உடம்புக்காரர்களுக்கு ஆகாது என்பார்கள்.

இதைச் சாப்பிட்டதும் வயிறு நிரம்பியதைப் போன்று திம் மென்று ஆகிவிடும்.

பசியை மந்தப்படுத்தும் இப்பழத்தை அதிகமாக உண்ணாமல் இருப்பது நல்லது.

பலர் உணவு உண்டதும் ரஸ்தாளியை உண்பர். இது தவறு. உடனே சாப்பிட்டால் அஜீரணக் கோளாறுகள் ஏற்படும்.

ஊட்டச்சத்து நிரம்பியதாக இருப்பினும் மந்தத்தை தரும்.

அளவுக்கு அதிகமாக மாவுச்சத்து இருப்பதால் நீரழிவுக்காரர்கள் இப்பழத்தை நினைக்காமலிருப்பது நல்லது.

வயிற்றுப் போக்கை கட்டுப்படுத்த நன்கு கனிந்த ரஸ்தாளியை ஒரு டம்ளர் நீரில் நன்றாக பிசைந்து, கரைத்துக் குடித்து வந்தால் வயிற்றுப்போக்கு நிற்கும்.

வளரும் குழந்தைகளுக்கு அரை ரஸ்தாளியை தேனில் கலந்து கொடுத்து வந்தால், குழந்தைகளின் ஆரோக்கியத்திற்கு நல்லது.

மோரிஸ்(பச்சை/மஞ்சள்)

மோரிஸ் பழத்தில் பச்சை மஞ்சள் என்று இரண்டு வகை உண்டு.

எனவே இதனை பச்சை அல்லது மஞ்சள் வாழைப்பழம் என்று பொதுவாக நிறத்தை வைத்து கூறுவதுண்டு.

பச்சை மோரிஸ் பழத்தை பச்சை நாடன் என்று தவறாக புரிந்து கொள்ளும் வாய்ப்பு உண்டு.(பச்சை நாடன் பழத்தைப்பற்றி கீழே பார்க்கவும்)

இது மரபணு மாற்று முறையில் உருவாக்கப்பட்டது

குறைந்த அளவே இப்பழத்தைச் சாப்பிடுவது நல்லது.

காசம், ஆஸ்துமா, வாதம் நோய்க்காரர்கள் தொடமலிருப்பது நல்லது.

மேற்கண்ட நோய்க்காரர்கள் குறைந்த அளவே சாப்பிட்டாலும் நோய்களை அதிகப்படுத்தும்.

பித்தத்தை இப்பழம் அதிகப்படுத்தும். எனவே அளவோடு சாப்பிடுவது நல்லது.

பச்சை நாடன்

பச்சை நிறத்தில் இருப்பதால் இதற்கு இப்பெயர் ஏற்பட்டது.

தடிமனான தோல் கொண்டது.

நார்ச்சத்து மிகுந்தது

உடல் சூட்டை தணித்து குளிர்ச்சி ஏற்படுத்தக்கூடியது

குடல்களில் பழுதுபட்ட மெல்லிய சவ்வுத் தோல்களை விரைவில் வளரச் செய்து புண்ணை ஆற்றிவிடும் சக்தி பச்சை நாடன் பழத்திற்கு உண்டு

அம்மை நோய் தாக்கியவர்களுக்கு இதனை அதிகம் கொடுக்கலாம்

காசம், ஆஸ்துமா, வாதம் நோய்க்காரர்கள் தொடமலி-ருப்பது நல்லது

மலச்சிக்கலை நீக்கும் குணம் கொண்டது

பச்சை மோரிஸ் பழத்தினை பச்சை நாடன் என்று தவறாக கருதக்கூடிய வாய்ப்பு உள்ளது

பச்சை மோரிஸ் பழத்தை ஒப்பிடும்போது இது நீளம் குறைவாகவும், தோல் தடிமன் அதிகமாகவும், பழம் அதிகம் வளையாமலும், இனிப்பு சற்றே குறைவாகவும் இருக்கும்

நன்கு கனிந்த இப்பழம் மிகவும் சுவையாக இருக்கும். கனிந்தவுடனே சாப்பிட்டுவிட வேண்டும். ஏனெனில் இப்பழம் சீக்கிரம் கெட்டுவிடக் கூடியது. (அதாவது கால தாமதமாய்ச் சாப்பிடலாம் என நினைத்தால் இப்பழம் விரைவில் அழுகத் தொடங்கிவிடும்.)

மலை

சற்று விலை அதிகமான பழம்.

வாத நோய்க்காரர்களைத் தவிர மற்றவர்கள் தாராளமாய் உண்ண வேண்டிய பழம்.

நல்ல ருசியும், அருமையான வாசனையும் கொண்ட பழம்.

இதிலே சிறு மலைப்பழம் என்றொரு வகை உண்டு. இது மிகவும் இனிப்பாக இருக்கும்.

சற்று பசியை மந்தப்படுத்தும் என்றாலும் ரஸ்தாளி அளவுக்கு மந்தப்படுத்தாது.

இப்பழத்தை தொடர்ந்து சாப்பிட்டுவர உடல் அழகு பெறும்.

தினமும் பகல், இரவு உணவுக்கு பின்னர் சற்று கழித்து சாப்பிட்டு வந்தால் இரத்த விருத்தி ஏற்பட்டு உடல் வலு பெறும்.

பசினை மந்தப்படுத்தும் என்றாலும் நல்ல மலமிளக்கியாக உதவும்.

நல்ல ஜீரண சக்திக்கு பயன்படும். மலச்சிக்கல் ஏற்படாமல் தடுக்கும்.

அஜீரண கோளாறு நீங்க ஆமணக்கு எண்ணெயை சிறிதளவு எடுத்து மலை வாழைபழத்தில் விட்டு பிசைந்து இரண்டு வேளை (எந்த வேளையானாலும் சரி) சாப்பிட்டு வர கோளாறுகள் நீங்கும் சற்று பேதியாகும்.

இரண்டு நாட்களுக்கு ஒருமுறை சாப்பிட்டு வருவது நல்லது. பொதுவாக இரத்த சோகை கொண்டவர்கள் சாப்பிட்டு வந்தால் இரத்தம் பெருகும்.

பூவன்

இப்பழம் நல்ல ஜீரண சக்தியை தரக்கூடியது. உடலுக்கு நல்ல ஊட்டத்தை கொடுக்கக் கூடியது. இரத்த விருத்தியைத் தரும்.

தசைகளின் ஆரோக்கியத்திற்கு மிகவும் பயன்படக் கூடியது.

மலச்சிக்கலை அகற்றுவதில், மிகவும் அற்புதமாக பயன்படக் கூடிய இப்பழத்தினை தினம் இரவு ஆகாரத்திற்கு பின் சாப்பிட்டு வந்தால் மலச்சிக்கல் ஏற்படாது.

ஆஸ்துமாக்காரர்கள், அதிக கோழை கட்டிக்கொண்டவர்கள், குளிர்ச்சியான தேகம் கொண்டவர்கள், நீரழிவு நோயாளர்கள் இப்பழத்தை தவிர்ப்பது நல்லது.

அஜீரணக் கோளாறால் சிரமப்படுபவர்கள் தினமும் அதிகப்படியாக உணவு உண்பதை தவிர்த்து விட்டு தினமும் ஒரு வேளை மட்டுமே இப்பழத்தை இரண்டு நாளைக்கு சாப்பிட்டு வந்தால் அஜீரணக் கோளாறுகள் நீங்கும்.

கற்பூரம்

இதற்கு கற்பூறவள்ளி, தேன் வாழைப்பழம் என்றும் பெயர் உண்டு

சிறிய அளவில் இருக்கும்

இனிப்புச் சுவை கொண்டது. நல்ல ருசியாக இருக்கும்.

உடல் ஆரோக்கியத்திற்கும், ரத்த விருத்திக்கும், மூளை வளர்ச்சிக்கும் நன்கு பயன்படுகிறது.

தோலில் ஏற்படும் சொறி, சிரங்குகள், புண்கள் விரைவில் ஆற உதவுகிறது

தலைபாரம் நீங்கப் பயன்படும்.

சாம்பல் கலந்த பச்சை மற்றும் மஞ்சள் நிறத்தில் காணப்-படும்

தோல் கருத்த பின்பும் பழம் உண்ண உகந்தது

பழம் நடுவில் விதைகள் சற்று அதிகம் உள்ளது

மொந்தன்

இப்பழத்தை பொந்தன் வாழை என்றும் கூறுவார்.

சமையலுக்கு உபயோகப்படுத்தும் வாழைக்காயைப் பழுக்க வைத்த பின் எடுக்கும் பழத்தைத்தான் மொந்தன் பழம் என்ற கூறுவார்கள்.

கனிந்த பழம் சாப்பிட சுவையாக இருக்கும்.

மிதமாக அளவாகத்தான் இப்பழத்தை சாப்பிட வேண்டும்.

ஒரே நேரத்தில் மூன்று நான்கென்று உள்ளே தள்ளினால் பசியை மந்தப்படுத்தும்.

அளவாக தினம் ஒன்றோ இரண்டோ உணவுக்கு பின் சாப்பிட்டால் உஷ்ணத்தை தணிக்கும்.

வாந்தியை நிறுத்தும்.

காமாலை வியாதியை சுகப்படுத்தும் குணம் உண்டு.

நேந்திர

குமரி மாவட்டத்தில் அபரிமிதமாக விளையும் பழம் இது. கேரளா ,கோவையிலும் விளைவிக்கிறார்கள். குமரி நேந்திரன் சிப்ஸ் புகழ்பெற்றது.

மிதமான வாசனையும், ருசியும், சுவையும் கொண்டது இப்பழம்.

நல்ல சத்துக்கள் நிரம்பியதாக இருக்கும்.

உடம்புக்கு குளிர்ச்சியை தருவது.

இரத்தத்தை விருத்தி செய்ய இப்பழம் மிகவும் உதவும்

வற்றல், சிப்ஸ், ஜாம் செய்து விற்கிறார்கள்.

உடல் மெலிந்தவர்களுக்கு நன்கு கனிந்த நேந்திரன் பழத்தை வாங்கவும். அதைச் சிறுசிறு துண்டுகளாக்கிக் கொள்ளவும்.அடுப்பை மூட்டி இட்லி பானையை வைத்து

இட்லி தட்டில். இட்லிவேக வைப்பதுபோல அவித்து எடுத்-துக்கொள்ள வேண்டும். பின்பு இதனுடன் நெய்யை கலந்து. 40 நாட்களுக்கு காலை உணவாக சாப்பிட்டு வர, மெலிந்-தவர்கள் திடகாத்திரத்துடன் சாண்டோ வாக திகழ்வார்கள்.

நேந்திரன் மூளையின் செல்களுக்கு வலுவூட்டி நினை-வுகள சிதறாமல் பாதுகாப்பதாக ஆராய்ந்து தெரிந்துள்ளார்-கள். இதனால் தான் கேரளியர் படிப்பில் சிறந்து விளங்குகி-றார்களோ?

சிப்ஸ், ஜாம், வற்றல் சுவையாக இருக்கும் என்று அளவுக்கு அதிகமாக உண்டால் மந்தம் ஏற்படும்.

நவரை

மிகவும் குளிர்ச்சி தரக்கூடியது

அதிகமாக எவரும் விரும்பாத பழம் இது. உடல் ஆரோக்கியத்திற்கு உதவாதது.

சொறி, சிரங்கு உள்ளவர்கள் சாப்பிடக் கூடாது இதைச் சாப்பிட்டால் புண் அதிகமாகும்.

வாத நோய்க்காரர்களுக்க ஆகவே ஆகாது.

பசியை மந்தப்படுத்தி விடும். மலச்சிக்கலை ஏற்படுத்தும்.

நிறைய சாப்பிட்டால் சோம்பலை உருவாக்கம். அதாவது மந்தமாகவே இருக்கும்.

அடுக்கு

நவரைப் பழத்திற்குள்ள குணங்கள் அனைத்தும் இதற்கும் உண்டு.

இந்தப்பழத்திற்குள்ள நல்ல குணம், எந்த நோயும் இல்-லாதவர்கள் இப்பழத்தை சாப்பிட்டால் எந்த கெடுதியம் செய்யாது. அதாவது நல்லவனுக்கு நல்லவன் அவ்வளவு-தான். எனவே நோயுள்ளவர்கள். இப்பழத்தை தொடபமல் இருப்பது நல்லது.

கருவாழை

அதிகமாய் விற்பனைக்கு வராத பழம்

மலைப் பிரதேசங்களில் அதிகமாய் விளையும் பழம்

வாத நோய்க்காரர்களுக்கு ஆகாது

உடலுக்கு ஊட்டத்தைத் தருதம் நல்ல பழம் இது.

குழந்தைகள் வளர்ச்சியை துரிதப்படுத்தும் இயல்பு கொண்டது. இப்பழம் கிடைத்தால் வாரத்திற்கு மும்முறை கொடுங்கள்.

வெள்ளை - இப்பழம் மிகுந்த சுவையுள்ளதாக இருக்கும்

ஏலரிசி - ஏலரிசி வாழைப்பழம் அளவில் சிறியதாயினும் இதன் சுவை மிகவும் இனியது. தமிழகத்தில் திருச்சி மாவட்டத்தில் அதிகம் விளைகிறது.

சிங்கன் - இது அரிதாக கிடைக்க கூடியது. இது பல மருத்துவ குணம் கொண்டது. இது பார்ப்பதற்கு பச்சை வாழைப்பழம் போல் இருக்கும். இது தென்பகுதிகளில் சமைக்கப் படும் அவியலில் பச்சை காய்கறியாக சேர்க்கப் படுவது இதன் சிறப்பு.

செவ்வாழை

வாழைப் பழங்களிலேயே அதிக அளவு சத்துக்கள் கொண்டது இப்பழம்

சிவப்பு நிறத்தில் தடிமனாகவும், சற்று நீளமாகவும் இருப்பது

குமரி மாவட்டத்தில் அதிகம் விளையும் இப்பழம் சாப்பிட ருசியாகவும் இருக்கும்.

சற்று விலை அதிகமானது.

குழந்தைகள் முதல் பெரியவர்கள் வரை எல்லோரும் சாப்பிட வேண்டிய நல்ல சத்துள்ள பழம்.

செவ்வாழைப் பழத்தை அடிக்கடி சாப்பிட்டு வருபவரின் உடலில் நோய் எதிர்ப்ப ஆற்றல் பெருகும். தொற்றுநோய்கள் இவர்களிடம் தோற்று ஓடும்.

.*பல் சம்பந்தமான நோய்கள் இப்பழத்தை தொடர்ந்து சாப்பிட்டு வந்தால் போகும்.

இருதயம் பலப்படும்

பல்வேறு வகையான தொற்றுநோய்களை செவ்வாழை அண்ட விடாது.

பொதுவாக செவ்வாழைப்பழத்தை எல்லோரும், எல்லாக் காலத்திற்கும் சாப்பிட்டு உடல் ஆரோக்கியம் பெறலாம்.

மட்டிப்பழம்

மட்டி வாழை ரகத்தை தமிழ்நாட்டில் குமரி மாவட்டத்தி-லும், கேரள மாநிலத்திலும் அதிகமாக பயிர் செய்கிறார்கள்.

மரங்கள் 8 முதல் 10 அடி உயரம் வரை வளரக்கூடியது. தார்களில் பழங்கள் நெருக்கமாக இருக்கும்.

இனிப்புச் சுவையுடன் மணமாகவும் இருப்பதாலும் விதை-களே இல்லாது இருப்பதாலும் கைக்குழந்தைகளுக்குக் கொடுப்பதற்கு ஏற்றது.

இதன் வயது 11 முதல் 12 மாதங்கள்.

தார்கள் ஒவ்வொன்றும் 10 முதல் 12 சீப்புகளுடன், 120 முதல் 150 பழங்கள் இருக்கும்.

ஒவ்வொரு தாரும் 12 கிலோ முதல் 15 கிலோ வரை எடை இருக்கும்.

ஒவ்வொரு பழமும் 40 கிராம் முதல் 60 கிராம் எடை இருக்கும்.

வாழைப்பழத்திலுள்ள சத்துக்கள்
நீர் (ஈரப்பதம்) - 66.4 கிராம்
நார் - 0.4 கிராம்
கொழுப்பு - 0.3 கிராம்
புரதம் - 1.2 கிராம்
மாவுப்பொருள் - 28.0 கிராம்
சக்தி (எனர்ஜி) - 114.0 கலோரி
பாஸ்பரஸ் - 36.0 மி;.லி
இரும்புச்சத்து - 0.8 மி.கி
சுண்ணாம்புச் சத்து - 16.0 மி.கி
தையாமின் - 0.05 யு.ஜி
கரோட்டின் - 0.78 மி.கி
ரைபோபிளேவின் - 0.07 மி.கி
நியாசின் - 0.5 மி.கி
வைட்டமின் ஏ - 12.0 ஐ.கியு
வைட்டமின் பி1 - 0.5 மி.கி
வைட்டமின் பி2 - 0.08 மி.கி

9. பள்ளிகளில் வாழைப்பழம்

உலகளவில் வாழை பயிரிடப்படும் பரப்பளவு மற்றும் உற்பத்தியில் இந்தியா முதலிடத்தில் உள்ளது. மொத்தம் 4,90,700 ஹெக்டர் பரப்பளவில், 168,13,500 மில்லியன் டன்கள் ஆண்டிற்கு உற்பத்தி செய்யப்படுகிறது. உலகளவிலான உற்பத்தியில் 17% இந்தியாவிலிருந்து கிடைக்கிறது.

இந்தியாவில் தமிழ்நாடு, கர்நாடகா, மகாராஷ்டிரா, ஆந்திரா உள்ளிட்ட மாநிலங்களில் வாழை அதிகம் பயிரிடப்படுகிறது. தமிழ்நாட்டில் திருச்சி, தூத்துக்குடி, கன்னியாகுமரி ஆகிய மாவட்டங்கள் அதிகமாகவும் கரூர், தஞ்சாவூர், கோயம்புத்தூர், நாமக்கல், தேனி, திண்டுக்கல், புதுக்கோட்டை உள்ளிட்ட மாவட்டங்களில் பரவலாகவும் வாழை சாகுபடி செய்யப்படுகிறது.

முக்கனிகளில் ஒன்றாக முக்கியத்துவம் பெற்றுள்ள வாழை சாகுபடியை மேம்படுத்தி, உழவர்களுக்கு வழிகாட்டும் வகையில் திருச்சி மாவட்டம் போதாவூரில் இந்திய வேளாண்மை ஆராய்ச்சி மையத்தின் தேசிய வாழை ஆராய்சி நிறுவனம் அமைந்துள்ளது. இங்கு புதிய ரகங்கள், அதிக உற்பத்தி, சந்தை வாய்ப்பு உள்ளிட்டவை குறித்து விவசாயிகளுக்கு வழிகாட்டப்பட்டு வருகிறது.

தமிழ்நாட்டில் உற்பத்தி செய்யப்படு வாழை மற்றும் அது சார்ந்த பொருட்கள் மதிப்பு கூட்டப்பட்ட பொருட்களாக உற்பத்தி செய்யப்பட்டு, விவசாயிகளுக்கு லாபமளிக்கும் வகையில் பல்வேறு முயற்சிகள் எடுக்கப்பட்டும் வருகின்றன.

இந்நிலையில், வாழை விவசாயிகளுக்கும் பள்ளி மாணவர்களுக்கும் உதவிடும் வகையிலான கோரிக்கையை விவசாயிகள் மீண்டும் முன்வைத்துள்ளனர்.

இது குறித்து வேளாண் தொழில்முனைவோராக உள்ள திருச்சி மாவட்டம் போதாவூரைச் சேர்ந்த ஒண்டிமுத்து பிபிசி தமிழிடம் கூறிகையில்,

"தமிழ்நாட்டுல் வாழைப்பழம் உற்பத்தி அதிகளவில் நடைபெறுகிறது. ஓராண்டு பயிரான வாழைக்கு ஏக்கருக்கு

1.50 லட்ச ரூபாய் வரை சாகுபடி செலவாகிறது. நல்ல மகசூல் கிடைத்தால் ஏக்கருக்கு 3 லட்ச ரூபாய்க்கு மேல் வருவாய் கிடைக்கும்.

ஆனால், திடீர் மழை, வெள்ளம், சூறைக்காற்றினால் வாழை சேதமடைந்தால், மகசூல் இழப்பு ஏற்பட்டு, ஏக்கருக்கு ஒரு லட்சத்திற்கு மேல் வருவாய் இழப்பும் ஏற்படும். அதிக மகசூல் கிடைத்தால், கொள்முதல் விலையும் குறைந்து விடும். நெல் சாகுபடி செய்யும் விவசாயிகள் போல், வாழை சாகுபடி செய்யும் விவசாயிகளுக்கு பயிர் காப்பீடு செய்ய ஆர்வம் காட்டுவதும் இல்லை. ஆகையால், அடிக்கடி இழப்பைச் சந்தித்து வருகின்றனர்.

ஆகையால், விவசாயிகளுக்கு லாபகரமான விலை கிடைக்கும் வகையில் பள்ளி மாணவர்களுக்கு சத்துணவு திட்டத்தில் வாழைப்பழமும் வழங்க வேண்டும். இதனால், மாணவர்களுக்கு சத்தான பழம் கிடைக்கும். விவசாயிகளுக்கும் பலன் கிடைக்கும்'' என்கிறார் ஒண்டிமுத்து.

பள்ளி சத்துணவில் வாழைப்பழத்தை சேர்க்க வேண்டும் என்கிற கோரிக்கையை முதல்முறையாக இப்போது வைக்கவில்லை. கடந்த 5 ஆண்டுகளுக்கு மேல் தொடர்ந்து வலியுறுத்தி வருகிறோம் என்று வாழை விவசாயிகள் கூறுகின்றனர்.

இது குறித்து தமிழ்நாடு வாழை உற்பத்தியாளர்கள் கூட்டமைப்பின் பொதுச் செயலாளர் அஜிதன் பிபிசி தமிழிடம் கூறுகையில், ''வாழை விவசாயிகளுக்கு உதவிடும் வகையில் பள்ளி மாணவர்களுக்கு நல்ல ஊட்டச்சத்துள்ள வாழைப்பழத்தை வழங்க வேண்டும் என்று தொடர்ந்து வலியுறுத்தி வருகிறோம்.

கோரிக்கையாக மட்டும் வைக்காமல், தமிழ்நாடு முழுவதும் 44 லட்சம் பள்ளிக் குழந்தைகளுக்கு வாரம் இரு முறை, எந்தெந்த பகுதிகளில் இருந்து விநியோகம் செய்வது. பள்ளிகளுக்கு கொண்டு செல்வது உள்ளிட்டவை குறித்தெல்லாம் விரிவான திட்ட அறிக்கையையும் அரசிடன் வழங்கியுள்ளோம். ஆனாலும் ஏனோ நடைமுறைக்கு

வரவில்லை.

கடந்த 5 ஆண்டுகளுக்கு முன்பு இந்த கோரிக்கையை வைத்த போது, ஒரே தரத்தில், ரகத்தில் வாழைப்பழம் கிடைக்காது என்று அரசு அதிகாரிகள் காரணம் சொன்னார்கள். ஆனால், இப்போது ஒரே ரகத்தில் ஒரே தரத்தில் வழங்கும் வசதி உள்ளது. ஆகையால், திட்டத்தை கொண்டு வர எந்த தடையும் இருப்பதாக தெரியவில்லை" என்கிறார்.

தொடர்ந்து அவர் கூறுகையில், "விவசாயிகளுக்கு உதவி, மாணவர்களின் உடல் நலன் இரண்டையும் கருத்தில் கொண்டு, குறைந்தபட்சம், மதிப்பு கூட்டப்பட்ட, வாழைப்பழ உலர் அத்தியை வழங்கவாவது அரசு நடவடிக்கை எடுக்க வேண்டுகிறோம்," என்கிறார் அஜிதன்.

தொடர்ந்து கோரிக்கை வைக்கப்பட்டுள்ளது. ஆனாலும் நிறைவேற்றப்படவில்லையே என்பது குறித்து அரசுத் துறை அதிகாரிகள் தரப்பில் கேட்டதற்கு, "பள்ளி மதிய உணவு திட்டத்தில் வாழைப் பழத்தையும் வழங்குவதில் பல்வேறு நடைமுறைச் சிக்கல்கள் உள்ளன. ஆகையால், பள்ளி மாணவர்களுக்கு வாழைப்பழம் வழங்குவது தற்போது சாத்தியம் இல்லை," என்கின்றனர்.

0

வாழைப்பழ உணவுகள் மற்றும் உணவுகளின் பட்டியல் இதுவாகும். இதில் வாழைப்பழம் முதன்மை மூலப்பொருளாகப் பயன்படுத்தப்படுகிறது. வாழைப்பழம் என்பது மூசா பேரினத்தில் பல வகைகளில் உற்பத்தி செய்யப்படும் உண்ணக்கூடிய பழமாகும். பழத்தின் அளவு, நிறம் மற்றும் உறுதி மாறுபடுகிறது. பொதுவாக நீளமாகவும் வளைவாகவும் இருக்கும், மென்மையான சதையுடன் மாவுச்சத்து நிறைந்திருக்கும். இவை பச்சை, மஞ்சள், சிவப்பு, ஊதா அல்லது பழுக்கும்போது பழுப்பு நிறமாக இருக்கலாம். பழங்கள் தாவரத்தின் மேலிருந்து தொங்கும் கொத்தாக வளரும்.

வாழை உணவுகள்

வாழை ரொட்டி - வாழைப்பழ க்யு
அலோகோ - வாழைப்பழ படகு
வாழை ரொட்டி - பானோபி பை
வாழைப்பழ கேக் - வாழை சிப்
வாழைப்பழம் - வாழை மாவு
வாழை கெட்ச்அப் - வாழை அப்பங்கள்
வாழை பாஸ்தா - வாழை புட்டு
வாழைப்பழ அலிசன் - வாழை சாலட்
வாழை பிளவு - வாழைப்பழ பாஸ்டர்
Bnh chuối - போலி (வாழைப்பழ உணவு)
கயே - சாப்போ - சிபிள் - சூசி சியான்
எஸ் பிசாங் இஜோ - பறக்கும் ஜேக்கப்
வறுத்த வாழைப்பழம் - உறைந்த வாழைப்பழம்
உறைந்த வாழைப்பழம் - புபு
கினாங்காங் - ஜினடாங் சபா
ஜெம்புட்-ஜெம்பூட் - கேக் பிசாங்
பழம் பொரி - கெல்யாச்சா ஹல்வா
கெல்யாச்சா ஷிகரன் - கெரிப்பிக் பிசாங்
மங்கா - மருயா பிலிப்பைன்ஸ்.
மருயா - மாடோக் - மினாடமிஸ் நா சேஜிங்
மோபோங்கோ - நாகசரி - நீலகாங் தொய்வு
நிலுபக் நா முனையம் - பினாக்ரோ
பினசுக்போ - பிசாங் கோக்லட்
பிசாங் கோரெங் - வாழை சூப்
குத்து - பிரிட்டோங் சேஜிங்
ரிலெனிடோஸ் டி ப்ளாட்டானோ
சபா கான் ஹைலோ - டாகாச்சோ
டோஸ்டோன்ஸ் - டூரான்

10. கூட்டணி சேராத சில உணவுகள்

வாழைப்பழம் ஆரோக்கியத்திற்கு மிகவும் பயனுள்ள பழமா-கும். வாழைப்பழத்தில் எண்ணற்ற வகைகள் உள்ளன. இதில் வைட்டமின் பி6, நார்ச்சத்து, பொட்டாசியம் மற்றும் பிற ஊட்டச்சத்துக்கள் நிறைந்துள்ளன. கற்பூரவள்ளி, பூவன் பழம், செவ்வாழை, ரஸ்தாளி, பச்சைப்பழம், மலைப்பழம், பேயன் பழம், மொந்தம் பழம், ஏலக்கி போன்ற பல வகை-களில் வாழைப்பழம் கிடைக்கிறது. ஒரு பழுத்த வாழைப்ப-ழத்தில் இன்றியமையாத பொட்டாஷியம் சத்து நிறைந்துள்-ளது. எலும்புகளையும் தசைகளையும் உற்பத்தி செய்ய ஒரு நாளைக்குத் தேவைப்படும் பொட்டாசியத்தின் அளவில் 11 சதவிகிதம் வாழைப்பழத்தில் உள்ளது. வாழைப்பழம் வயிற்-றுக்கு புரோபயாடிக் போல் செயல்படுகிறது. இது செரிமான அமைப்பை பலப்படுத்துகிறது, இதன் மூலம் வயிற்று பிரச்-சனைகளில் இருந்து நிவாரணம் அளிக்கிறது. அதுமட்டு-மின்றி வாழைப்பழம் சாப்பிடுவதால் உடலுக்கு எண்ணற்ற ஆற்றல் கிடைக்கும். தினமும் ஒரு பழுத்த வாழைப்பழத்தை சாப்பிட்டுவந்தால் இரத்த அழுத்தம், சிறுநீரகக் கற்கள், முழங்கால் வலி மற்றும் இதய நோய்கள் வராமல் தடுக்கும்.

ஆனால் வாழைப்பழத்துடன் சிலவற்றை சேர்த்து உட்-கொள்ளக்கூடாது என்பது உங்களுக்குத் தெரியுமா? நீங்கள் வாழைப்பழத்தை அதனுடன் கூட்டணி சேராத உணவு பொருட்களுடன் உட்கொண்டால், அது நன்மைக்கு பதிலாக உங்கள் ஆரோக்கியத்திற்கு தீங்கு விளைவிக்கும். வாருங்-கள், வாழைப்பழத்தை (Banana) எந்தெந்த பொருட்களு-டன் உட்கொள்ளக்கூடாது என்பதை அறிந்து கொள்ளலாம்.

வாழை மற்றும் சிட்ரஸ் பழங்கள் - ஆரஞ்சு, எலுமிச்சை, திராட்சைப்பழம் போன்ற சிட்ரஸ் அமிலம் நிறைந்த புளிப்புப் பழங்களுடன் வாழைப் பழத்தை உட்கொள்ளக் கூடாது. இது உங்கள் செரிமான அமைப்பில் எதிர்மறையான விளைவை ஏற்படுத்தும். உண்மையில், சிட்ரஸ் பழங்களில் இருக்கும் அமிலம் உங்கள் வயிற்றில் அமிலத்தன்மையின் அளவை

அதிகரிக்கும். இதனால் வயிற்று வலி, அசிடிட்டி, தலைவலி போன்ற பிரச்சனைகளை சந்திக்க நேரிடும்.

11. *வாழைமரம்*

குளிர்பதன வசதியுள்ள வாகனத்தில் சிவா தன் தந்தையை உட்கார வைத்து நகர்வலம் வந்து கொண்டு இருக்கும் வேளையில், "அப்பா உங்கள் வாழ்க்கையில் சொத்துசுகம், சேமிப்பு ஏதுமே இல்லாமல் எழுபது வயதைக் கடந்து விட்டீர்களே' என்றான்.

வண்டி ஒரு கல்யாணப் பந்தலருகே போகும்போது நிறுத்தச் சொன்னார் தந்தை.

"தம்பி பந்தலில் உள்ள வாழை மரத்தைப் பார்த்தாயா இதன் சரித்திரம் என்ன, தெரியுமா? இது தன்னுடைய வாழ்நாளில் இலை, பூ, காய், கனி, பட்டை ஆகிய எல்லாவற்றையும் தானமாக கொடுத்து விடுகிறது. இந்த வாழை மரத்தின் சேமிப்பு கன்றுகள் மட்டும்தான். இந்த வாழ்க்கைத் தத்துவம் மணமக்களுக்கும் புரிய வேண்டுமென்பதற்காகத் தான் நம்முடைய முன்னோர்கள் மணப்பந்தலில் வாழை மரம் கட்டுவதை பழக்கமாக வைத்தார்கள்.

தந்தை கொடுத்த உயிர்தான் மனிதனுக்கு மூலதனம். அதைக் கொண்டு முன்னேறுவதுதான் தனக்கும் ன்னுடைய தந்தைக்கும் பெருமை.

இயற்கை விதியின்படி வாழும் மரங்களுக்கு துன்பமோ, துயரமோ கிடையாது புரிந்துகொள்' என்றார் தந்தை.

12. *வாழைப்பழம்*

- கி. ஆ. பெ.விசுவநாதம்

தமிழ் எழுத்துக்களில் 'ழ' — என்னும் எழுத்து தமிழுக்குச் சிறப்பு தருவது.

தமிழ் மொழியைத் தவிர, பிற எந்த மொழியிலும் 'ழ' என்று உச்சரிக்கக்கூடிய எழுத்து கிடையாது. அதனால் புலவர் பெருமக்கள் ல, ள என்ற எழுத்துக்களோடு இதனைச் 'சிறப்பு ழகரம்' என்றே கூறுவர்.

இந்தச் சிறப்பு 'ழ' — ஒலி — தமிழ் மக்கள் சிலரால் உச்சரிக்கப்படுவதில்லை.

திருச்சிக்குத் தெற்கே சில 'ழ'ளை 'ள' ஆக உச்சரிப்பர். (எ — டு) 'ஐயா, கடைக்காரரே உங்களிடம் வாளபளம் உண்டுமோ?' என்பர்.

திருச்சிக்கு கிழக்கே, தஞ்சை மாவட்டத்தில் சிலர் 'ழ'வை 'ஷ' ஆக உச்சரிப்பர்.

(எ — டு) மார்கழித் திருவிழா — (வியாழக்கிழமை)

இதனை மார்கக்ஷுதித் திருவிஷா வருகிறது என்றால் விசாஷக் கிழமையில் வருகிறது என்று விடையும் கூறுவர்.

இனி, தமிழகத்து வடக்கே சென்னை போன்ற இடங்களில் சிலர் 'ழ'வை 'ஸ்' ஆக்கிப் பேசுவர்.

(எ — டு) இழுத்துக்கொண்டு — என்பதை 'இஸ்த்துக்கினு' என்பர்.

திருச்சிக்கு மேற்கே கோவை போன்ற இடங்களில் சிலர் — 'ழ'வை 'ய' ஆக ஒலிப்பர்.

வாழப்பழத்தை — வாயப்பயம் என்று கூறுவர்.

நான் ஒருதடவை கோவைக்கு சென்றபோது — கடைத்தெருவில் — வாழைப்பழத்தை விற்கும் ஒருவன், 'வாயப்பயம்' — என்றே கூறி விற்றுக் கொண்டிருந்தான்.

நான் அவனைப் பார்த்ததும், அவன் என்னிடம் வந்து, தட்டை இறக்கி வைத்து — 'வாயப்பயம் வேணுங்களா' என்றான்.

எனக்கு வியப்பு ஒருபுறம்; கோபம் ஒருபுறம். 'நீ எந்த ஊர் அப்பா' என்றேன்.

அவன் — 'கியக்கேங்க' என்றான்.

நான் (கிழக்கு) கியக்கேயிருந்து இங்கே எதுக்கு வந்தீங்க? — என்றேன்.

அவன், (புயக்க — பிழைக்க) புயக்க வந்தேங்க — என்றான்.

கியக்கேயிருந்து புயக்க வந்தேன் — என்றதும் எனக்குக் கோபம் அதிகமாகியது.

"ஏம்பா, தமிழை இப்படிகொலை பண்ணுகிறீர்கள்?" என்று அதட்டிக் கேட்டேன்.

அவன் இரண்டு கைகளையும் சேர்த்துக் கும்பிட்டுக் கொண்டே, அது எங்க வயக்கங்க என்றான்.

நான் உடனே அவனை விட்டு எழுந்தே போய் விட்டேன்.

தமிழுக்கே உள்ள சிறப்பு 'ழ'கரம். இது தமிழ் மக்களிடத்துப் படுகிற காட்டை இது நன்றாக விளக்கிக் காட்டுகிறது.

இது தவறு.

சிறியவர்களோ பெரியவர்களோ யார் பேசும்

போதும் சொற்களைச் சரியாக உச்சரிக்கப் பழகிக்

கொள்வது நாட்டுக்கும் நல்லது; மொழிக்கும் நல்லது; நமக்கும் நல்லது.

13. வாழையடி வாழையாய்

- ஸ்ரீ. தாமோதரன்

என்ன அமைச்சரே நாட்டில் அனைவரும் நலமா?

நன்றாக இருக்கிறார்கள் என்று சொல்ல முடியாது, நாம் அவ்வப்பொழுது நடைமுறைப்படுத்தப்படும், சில சட்ட திட்டங்களுக்கு எதிர்ப்புக்கள் இருக்கத்தான் செய்கின்றன.

என்ன செய்வது ஒரு சில சட்டங்கள் கடினமாக இல்லாவிட்டால் அவர்களுக்குத்தானே எதிர்காலத்தில் பிரச்சினை ஆகும். அதை ஏன் புரிந்து கொள்ள மாட்டேனெங்கிறார்கள்.

பரவாயில்லை மன்னா நீங்களா இதற்கு பொறுப்பு, நான் சொல்லும் யோசனைகளை நீங்கள் அமல் படுத்துகிறீர்கள்.

அந்த விளைச்சலில் ஒரு பங்கு என்ற திட்டத்தை கொண்டு வந்தீர்களே? அதுவும் அவனது தேவைக்கு மேல் விளைச்சலானால்தான் என்ற ஷரத்தையும் சேர்த்தீகளே,

ஆமாம் மன்னா, நிறைய பேர் அதனை ஏற்றுக்கொண்டார்கள். ஆனால் ஒரு சிலர் மட்டும் விளைச்சலை மறைத்து வரியை கொடுக்காமல் மறைக்கப்பார்க்கிறார்கள்.

மனிதனில் ஒரு சிலர் எப்பொழுதும் ஏமாற்றத்தான் பார்ப்பார்கள்.

அதற்குத்தான் சட்டம் கொண்டு வருகிறோம், ஆனால் அந்த சட்டத்துக்குள் ஒரு சில அப்பாவிகளும் மாட்டிக்கொள்கிறார்கள்,இதனால் நாம் கொண்டு வரும் சட்டமே கேலிக்கூத்தாகிவிடுகிறது.

எப்படி சொல்கிறீர்கள் மந்திரியாரே?

விளைச்சலை மறைத்தவன், மற்றவன் மேல் சாட்டி விடுகிறான், மாட்டிக்கொண்டவன் நேர்மையாக நடந்தாலே இந்த விளைவுகள்தான் என்று முடிவு செய்து அடுத்த முறை அவனும் ஏமாற்றப்பார்க்கிறான்.

அல்லது அரசாங்கத்தின் மீது கோபம் கொண்டு புரட்சி செய்பவனாக மாறிவிடுகிறான்.

நீங்கள் புரட்சி என்றவுடன்தான் நினைவுக்கு வருகிறது, மந்திரியாரே, சில இடங்களில் இன ரீதியாக குழுக்கள் ஏற்பட்டு ஒரு சில இடங்களில் கலகம் ஏற்படுத்துவதாக ஒற்றர்கள் சொன்னார்களே,

ஆம் மன்னா, அதுவும் என்னுடைய இனத்தை சேர்ந்தவர்களும் ஒரு சிலர் குழுக்களாக செயல்பட்டு கலகம் செய்வதாக செய்தி வந்துள்ளது.

கேள்விப்பட்டேன், உங்களைக்கூட 'இனத்துரோகி' என்று பட்டமிட்டு அழைக்கத்தொடங்கியிருக்கிறார்களாமே. அதுவும் என்னிடம் தாங்கள் இருப்பது மாற்று இனத்தவனுக்கு தொண்டு செய்துகொண்டுள்ளான், வெட்கம் கெட்டவன் என்று அழைப்பதாகவும் கேள்விப்பட்டேன்.

ஹ..ஹ.... மன்னா நான் அவர்கள் இனத்தவனாக இருந்தாலும், 'பொதுவானவனாக ' இருப்பது அவர்களால்

ஏற்றுக்கொள்ளமுடியாமல் இருக்கிறது. என்னைப்பொருத்த-வரை நாடுதான் எனக்கு முக்கியம். நான் அந்த இனத்தை சேர்ந்தவன் என்பதை மறுக்க முயற்சிக்கவில்லை, ஆனால் பொது வாழ்க்கை என்று வந்து பொறுப்பை ஏற்றுக்கொண்ட பின்னால், நான் பொதுமக்கள் சார்பாகத்தான் எந்தவொரு முடிவையும் செயல்படுத்த முடியும்.

உங்களை நினைத்து பெருமைப்படுகிறேன் மந்திரியாரே, நான் பாண்டிய நாட்டை சேர்ந்தவனாக இருந்தாலும், சோழ-நாட்டை ஆண்டு கொண்டிருப்பது உங்களைப்போன்ற நல்-லவர்களால்தான். நானும் ஒன்றை சொல்லிக்கொள்கிறேன் மந்திரியாரே, என் மூதாதையர் இந்த நாட்டின் மீது படை-யெடுத்து வந்து ஆட்சியை பிடித்து இருக்கலாம். அவரின் சந்ததியாய் நானும் ஆண்டு கொண்டிருக்கிறேன்.நானும் ஒரு உறுதி கூறுகிறேன் எனக்கு இந்த நாடும், மக்களும்தான் முக்கியம். நான் வாழ்ந்த மூதாதையர்கள் நாட்டை சேர்ந்த-வர்களாயினும், அல்லது, மற்ற நாட்டை சேர்ந்தவர்களானா-லும் சரி, இந்த நாட்டின் மீது ஒரு துரும்புகூட பட அனு-மதிக்கமாட்டேன்.

நல்லது மன்னா!, நாம் இத்துடன் நம்முடைய இரவுக்கா-வல் நடையை முடித்துக்கொண்டு வீடு திரும்புவோம்.

ஏன் மந்திரியாரே இத்துடன் நடையை முடித்துக்கொள்ள சொல்கிறீர்கள்.

என் மனது இத்துடன் முடித்துக்கொள்ளச்சொல்கிறது திரும்பலாம் வாருங்கள்.

திரும்ப எத்தனித்த மன்னர் குப்புற கீழே விழுகிறார். முதுகில ஓர் அம்பு தைத்திருக்கிறது. மன்னா, பாய்ந்தோடி வந்து அம்பை பிடுங்கி மன்னரை மல்லாக்க படுக்க வைக்க மன்னர் முதுகில் தைத்த அம்பு விஷம் தோய்க்கப்பட்டிருந்-ததால் உடனடி மரணமுற்றிருந்தார்.

நிமிர்ந்து பார்க்க அவரை சுற்றி முகத்தை மூடியபடி நான்கைந்து பேர் குதிரையின் மீது அமர்ந்து வாளை கையில் வைத்தபடி இருந்தனர்.

கோழைகளே, எங்களுடன் சண்டையிட்டு அவர் இறந்திருந்தால் கூட அவர் உயிர் பெருமையுடன் பிரிந்திருக்குமே,

மந்திரியாரே வாயை மூடும்.உம்மை கொல்ல எங்களுக்கு ஒரு நொடி போதும், நீர் எம் இனத்தை சேர்ந்தவ்ராக இருப்பதால் உம்மை உயிரோடு எங்கள் கைதியாக்கி கொண்டு செல்கிறோம்.நாளை முதல் பாண்டிய நாட்டுக்காரனுக்கு நாம் அடிமையில்லை.

அடுத்த சில நாட்கள் கழித்து!

நான் மன்னனாக முடிசூட்டி நான்கைந்து மாதங்கள் ஆகியும் நாட்டில் இன்னும் ஆங்காங்கே கலவரங்கள் நடந்து கொண்டுள்ளனவே, சொந்த நாட்டுக்காரன் ஆள்வதற்கு இவர்கள் பெருமைப்படுவதை விட்டுவிட்டு ஏன் கலவரம் செய்து கொண்டுள்ளார்கள்.

பொதுமக்கள் நாம் மன்னனைக்கொன்றதை ஏற்றுக்கொள்ளாவிட்டாலும், நமக்கு பயந்துகொண்டு எதுவும் பேசாமல் இருக்கிறார்கள், ஆனால் நம் இனத்தை சேர்ந்தவர்களில், வேறொரு பிரிவை சேர்ந்தவர்களால் நீங்கள் மன்னனாதை ஏற்றுக்கொள்ள முடியவில்லை, இந்த நாட்டிலே நம் இனத்திலே அவர்கள் பிரிவை சேர்ந்தவர்கள்தான் அதிகம் வசிக்கிறார்களாம், அப்படி இருக்கும்போது அடுத்த பிரிவை சேர்ந்தவன் எப்படி மன்னனாகலாம் என்று குழுக்களாக பிரிந்து கலகங்களை தூண்டி விட்டுக்கொண்டிருக்கிறார்கள்.

இவர்களை பார்த்து அடுத்த இனததவர்களும் நம்மை கவிழ்க்க முயற்சி செய்து கொண்டுள்ளார்களாம். சேர நாட்டு மன்னருடனும் ஒரு குழு உதவி கேட்டுள்ளதாம்.

பல நூற்றாண்டுகள் கழிந்த பின்பும் மேடையில் ஒரு பிரசங்கம்

வெள்ளையர்கள் நம்மை ஆண்டு கொண்டுள்ளார்கள், நாம் அவர்களிடமிருந்து சுதந்திரம் வாங்கியே தீரவேண்டும், அதற்காக நாம் உயிரையே தர தயாராக இருக்க வேண்டும். அதற்காக வன்முறை மட்டும் வேண்டாம், காந்தீய வழியிலேயே முயற்சி செய்ய வேண்டும்.

மேடையில் மற்றொரு பிரசங்கம்

வெள்ளையர்களிடமிருந்து சுதந்திரம் பெற சாத்வீக வழி உதவாது. போராட்ட குணமே வேண்டும், சுதந்திரம் வாங்கியே தீருவோம்.

அதற்கு பின் அறுபத்தெட்டு ஆண்டுகள் கழிந்த பின்பும் எல்லா கட்சி குழு உறுப்பினர்களின் கூட்டங்களிலும் பிரசங்கம்

நாம் ஆட்சிக்கு வரணும்னா எந்தெந்த இடத்துல எந்த எந்த சாதி மக்கள் அதிகமா இருக்காங்களோ, அந்த இடத்துல அந்தந்த ஆளுங்களை போடணும். அப்பத்தான் ஓட்டுக்களை அள்ள முடியும்.

ஆட்சியைப்பிடிக்க, அன்று வாள் முனையில் தந்திரம், இன்று ஜனநாயகம் என்ற போர்வையில் தந்திரம்

14. ஆழ நட்ட வாழை

- பசுந்திரா

11 வயது நிரம்பிய கரனை பார்ப்பவர்கள் எட்டு வயதே மதிப்பார்கள். ஆனால் அவனோ அந்த 18 ,19 வயது இழைஞர்கள் மூவரின் பின்னால் கையில் ஒரு தடியை பாதையெங்கும் இழுத்து கோடு போட்ட படி நடந்துகொண்டு இருந்தான் .

அவனுக்கு நினைவு தொரிந்த இத்தனை வருடத்தில் இதுவே முதல் தடவையாக வேலைக்குப் புறப்பட்டு இருக்கிறான். பெரிதாக ஒன்றும் வெட்டிப் புடுங்கும் வேலை இல்லை இது ஒரு எட்டிப் புடுங்கும் வேலை. புடுங்குவதும் தேங்காய் மாய்காய் இல்லை வெறும் பூ. அவன் இந்த வேலைக்கு போக பல காரணங்கள் உண்டு ஆனால் ஒரு தகுதியும் இல்லை.

ஊரில் இருக்கும் போது அவனது தந்தை வாழை நாட்டுவதற்காக ஆழமான கிடங்கு வெட்டி நடுவே வாழைக் குட்டியை வைத்து இவனை பிடித்துக் கொள்ளும் படி கூறி மண்ணை போட்டு மூடுவார் . வாழைக் குருத்து

அவனது வண்டியோடு முண்டிக்கொண்டு நிற்கும் புதிதாக வரும் குருதுக்களை விரியமுன் கிழித்து விடுவதில் பேரா-னந்தம் அடைவான்

ஒரு நாள்

“ ஏனப்பா இவ்வளவு ஆழமாக கிடங்கு வெட்டி நடுகி-றீர்கள் சின்ன சின்ன கிடங்கு வெட்டி நடலாமே ?” என்று கேட்டதற்கு

—“ வாழை ஆழ நடு தொன்னை தொரிய நடு” —

என்று தந்தை கூறிய வேத வாக்கை நம்பி இந்த வாழைப் பொத்தி பிடுங்கும் வேலைக்கு சேர்ந்து கொண்-டான். ஆனாலும் வாழையை நினைக்க வயிற்றை கலக்கிக் கொண்டு வந்தது .

அப்பாவிற்கு தொரிந்தது இங்குள்ளவர்களுக்கும் தெரிந்து இவர்களும் வாழையை ஆழ நாட்டிருந்தால் மட்டுமே வாழைப் பொத்தி இவனுக்கு எட்டும்.

‘ஒரு வேளை வாழைப் பொத்தி எனக்கு எட்டாவிட்டால் என்ன செய்வது எதற்கும் முன்னே போகும் ஒருவரிடம் ஒரு வார்த்தை கேட்டு விட்டால் என்ன.’ என்று எண்ணுகையில் தம்பி றமாவின் வாடிய முகம் கண்முன் தோன்றியது.
‘பெரிதாக என்ன வந்து விடப்போகிறது — ஒன்றில்

“ சீ•••.. நீ இந்த வேலைக்கு சரி வர மாட்டாய் போய் கொஞ்சம் வளர்ந்தாப்பிறகு வா “ என்று சொல்லுவார்கள். அல்லது “இந்த சின்னப் பயலை ஏனடா கூட்டிவந்த நீங்கள் “ என்று இதோ முன்னுக்குப் போகிறார்களே இவர்களுக்கு பேச்சு விழும் அவ்வளவுதான். ஆனால் அவர்களோ அது-பற்றி எந்த கவலையும் கொண்டதாக தெரியவில்லை தன்-னையும் அவர்களில் ஒருவனாக நினைத்து வேலைத்தலம் நோக்கி நடந்து கொண்டு இருக்கிறார்கள் நானாக ஏன் குட்-டையை குழப்புவான்’ என்று மௌனமாக இருந்து விட்டான்.

முன்பு தந்தையின் விரலைப் பிடித்துக்கொண்டு நடக்கும் போது சிறிது தூரம் நடந்தாலே “கால் நோகுதா ? “ என்று கேட்டு விட்டு தூக்கி தோழில் சுமந்து கொண்டு நடப்பார்.

அது எல்லாம் என்றோ ஊரோடு முடிந்து விட்டது.

கரனுக்கும் அவனது தம்பி றமாவிற்கும் ஏழு வயது வித்தியாசம் அதனால் கரனுடன் கூட விழையாடுவதற்கு வீட்டில் யாரும் இல்லை. சில சமயங்களில் மூன்று வயதான தம்பியையும் நாயைக்குட்டியையும் சேர்த்து விழையாடுவான். நாய் இவனை திரத்தும் பின் இடை நடுவில் நாய்குட்டி தம்பியை திரத்த அவன் விழுந்து எழும்பி வீரிட்டுக் கத்தி இறுதியில் அம்மா தடியோடு இவனை திரத்தி வருவதுடன் அந்த விழையாட்டு முடிவுக்கு வரும்.

ஒரு வருடத்திற்கு முன் வவுனியா பூவரசங்குளத்தில் இருந்து நாட்டுப் பிரச்சனையால் இடம் பெயர்ந்து ஓமந்தை பாடசாலைக்கு வந்த போது கரனின் சந்தோசத்திற்கு அளவே இல்லை.

எத்தனை நண்பர்கள் . பலரது பொயர்களைக்கூட ஞாபத்தில் வைத்திருக்க முடியவில்லை பூவரங்குளம் கிராமமே அந்த பாடசாலையில் தானே தஞ்சமடைந்து இருந்தது.

பாடசாலை , வீட்டுப்பாடம் , சாப்பாடு , கொஞ்ச நேரம் விழையாட்டு என்ற வழக்கம் அகதி முகாமிற்கு வந்ததும் தலை கீழாக மாறி : விழையாட்டின் நடுவிலே ஓடிப்போய் சாப்பிட்டு விட்டு வந்து மீண்டும் விழையாட்டை முழுநேரமாக செய்து கொண்டு இருந்தான். வேறு எந்த வேலையும் இல்லை. இவ்வளவு ஏன் அம்மா அப்பா கூட அரை வாசி நேரம் வகுப்பறை வாசலில் இருந்தபடி இவர்களின் விழையாட்டைத்தானே பார்த்தக்கொண்டு இருந்தார்கள்.

ஆனால் அந்த வாழ்க்கையும் அப்பா பூவரங்குளத்தில் இருந்த அவர்களது வீட்டை பார்க்கப்போய் திரும்பி வராமல் காணாமல் போனதில் இருந்து தொலைந்து போனது

அன்றில் இருந்து அம்மாவும் ஒடிந்து போய் அடிக்கடி நோயில் படுத்தார். தம்பியை இடுப்பில் வைத்தபடி மற்றவர்கள் விழையாடுவதை அவ்வப்போது எட்டிப் பார்ப்பான்.

ஓமந்தையிலும் இருக்கமுடியாமல் மீண்டும் இடம் பெயர்வு. இடம் பெயர இடம் பெயர இருக்கம் பொருட்களும் ஒவ்வொன்றாக அவர்களை விட்டு இடம் பெயர்ந்தது. தந்தை

தூக்கி வந்த சில பாரமான பொருட்களை தாயால் கொண்டு வர முடியாமல் போக அங்கேயே விட்டு விட்டு கிளிநொச்சியில் உள்ள -கோணாவில் காந்திக் கிராமம் — எனப்படும் இந்த அகதி முகாமிற்கு வந்து சேர்ந்து இரண்டு மாதம் ஆகிறது.

இங்கே அகதி சாமான் என்று அரிசியும் பருப்புமே தருவார்கள் மீதி எல்லாம் கடையிலேயே வாங்க வேண்டும் . வீட்டில் ஆம்பிளை உள்ளவர்கள் அயல் அட்டையில் வேலைக்கு போவார்கள். அம்மாவும் அவ்வப்போது எதாவது வேலைக்குப் போய் வருவார். கடந்த ஒரு மாதமாக அவரால் முற்றாக முடியாமல் போய் விட்டது.

அம்மாவிற்கு அம்மாள் வருத்தம் (சின்ன முத்து) உடல் நிலை மேலும் மோசமாகியது. தம்பி அம்மாவிற்கு கிட்டையும் போக முடியாது வருத்தம் தொத்தி விடுமாம். அவரால் எழுந்திருக்கவே முடியவில்லை இதில் சமைப்பது எப்படி. வீட்டில் அரிசி சேடம் இழுக்க பருப்பு உயிரை விட்டிருந்தது. அதனால் அம்மா சொல்லச் சொல்ல இவனே கஞ்சி காச்சுவான்.

அந்த வெறும் கஞ்சியிலேயே மூவரின் உயிரும் தங்கி நின்றது.

கஞ்சி என்றால் தம்பி நல்லா குடிப்பான். ஆனால் ஒருக்கா மூத்திரம் போய் வந்து விட்டால் மீண்டும் அழ ஆரம்பித்து விடுவான் . அம்மாவும் அந்த கஞ்சியோடயே நாள் முழுக்க பாயில் கிடக்கிறார். சில சமயம் காச்சல் வாய்க்கு குடித்த கஞ்சியையும் சத்தி எடுத்து விடுவார்.

ஒவ்வொரு நாளும் அம்மாவின் அம்மை வருத்தத்திற்கு முத்து மாரியம்மன் தாலாட்டு பாட வரும் நாலாம் கொட்டிலில் வசிக்கும் அருமைநாயகம் ஐயா 'ஏதாவது நல்ல சாப்பாடாய் சாப்பிடு பிள்ளை' என்று சொல்லி விட்டுப் போகிறார். ஆனால் அதற்கு கையில் காசு இருக்க வேண்டுமே.

முகாமிற்கு முன்னால் இருக்கிற கொட்டில் கடையில் பாண் பணிஸ் இடியப்பம் என பல வகை வகையான சாப்பாடுகள் வரும் அம்மாவையும் தம்பியையும் நினைத்த படி

அவற்றை பார்த்துக் கொண்டு நின்று விட்டு வருவான் கரன் . தம்பிக்கு பணிஸ் என்றால் கொள்ளை பிரியம் யாரும் வேண்டிச் சாப்படுவதை கண்டு விட்டால் காட்டிக் காட்டி அழுவான். பணிசுக்குப் பதிலாக காக்கா ,குருவி ,அணில் போன்ற வற்றை தேடித் தேடிக் காட்டுவான் கரன். ஓடும் அணிலைப் பார்த்தால் சிரிப்பான் அது ஒரு இடத்தில் நின்று விட்டால் அழுவான் .

இந்த நிலையில் தான் கரன் தானும் வேலைக்கு வருவதாக சேர்ந்து கொண்டான் . மண்ணில் வேலை என்றால் செய்யலாம் அனால் இது மரத்தில் வேலை அதுவும் கொப்பில்லாத மரத்தில் . இழுத்துக்கொண்டு வந்த தடியை மீண்டும் ஒருமுறை தூக்கிப் பார்த்துக்கொண்டான் . ஒரு வேளை இவன் பயந்தது போல வாழைப் பொத்தி எட்டாது போனால் இந்த தடியால் தட்டிப்பிடுங்கி விட வேண்டும் என்பது அவனது இன்னொரு திட்டம்.

கோணாவில் நல்ல செழிப்பான கிராமம் இந்த மண்ணில் எவ்வளவுதான் விழுந்து புரண்டாலும் உடலில் அழுக்கு பிரளாது வெள்ளை வெளேரென்ற மணல் மண். தோட்டத்திற்கு உகந்த மண் . அக்கராயன் குளத்து நீர் கோணாவில் கிராமத்தையும் சோலையாக்கிக் கொண்டு இருந்தது. நாலா புறமும் தென்னை ,பாக்கு, மா ,பிலா போன்றவற்றோடு வாழைத்தோட்டங்களும் வயல்களுமாக பச்சைப் பசேல் என்று இருக்கம்.

அவ்வப்போது அங்குள்ள வாழைதோட்டங்களில் பொத்தி , வாழைக்குலை , வாழையிலை பிடுங்கி ஸ்கந்தபுரம் சந்தையில் விற்பதற்கு என பலர் அகதி முகாமில் உள்ளவர்களை வேலைக்கு அழைப்பது வழக்கம். அப்படி நாலு போர் வேண்டும் என்று கேட்டதாலேயே கரன் தானும் வருவதாக கூறி வந்து விட்டான் .

முருகன் கோயில் தாண்டி இருந்த பெரிய வாழைத் தோட்ட சோலைக்குள் முன்னால் சென்ற மூவரும் நுழைந்தார்கள். கரனும் நுழைந்து படலையை சாத்திக் கொண்டான். படலையை தாண்டியதும் குறுக்காக ஒரு வாய்க்கால்

சென்றது. இரவு அதனூடாக தண்ணீர் பாச்சியிருக்க வேண்டும் வாய்க்காலில் சேறு படிந்திருந்தது. கொண்டு வந்த தடியை வாய்க்கால் நடுவே ஊன்றி எம்பி குதித்து மறு கரைக்கு தாவினான்.

கம்பு குத்தியபடி நின்றது கரனை காண வில்லை முன்னால் போனவர்களில் ஒருவன்

" கரன்... கரன் ..." என்று கூப்பிட்டான்.

உடம்பெங்கும் சேற்றுமண்ணுடன் வாய்க்காலில் இருந்து எழும்பினான் கரன். அவர்களால் சிரிப்பை அடக்க முடியவில்லை

" சும்மா கடக்கிற வாய்க்காலை ஏனடா கம்பு குத்திக்கடந்து விழுந்து எழும்புகிறாய்" என்று விட்டு உரப்பையை எடுத்துக்கொண்டு வாழை மரங்களை அண்ணாந்து பார்த்தபடி ஆளுக்கு ஒரு திசையில் நடந்தார்கள்.

வாழைக்கயர் படும் என சேட்டு போடாமல் வந்ததால் கணிமண்ணில் இருந்து சோட்டு தப்பியது என எண்ணியபடி பெரும் கஸ்டத்தின் மத்தியில் குத்திய தடியை பிடுங்கி எடுத்துக்கொண்டு முடிந்தவரை மண்ணை துடைத்து விட்டு காவல் கொட்டிலில் இருந்து ஒரு பையை எடுத்துக்கொண்டு வாழைப்பொத்திகளை தேடி நடந்தான் கரன்.

எந்த வாழை மரமும் அவனை வாழ வைப்பதாக தெரிய வில்லை. எட்டாத உயரத்தில் பொத்திகள் தொங்கின. ஒரு சில பொத்திகள் எட்டிய போதும் அவை பல காலங்களாக முறிக்காமல் விட்டு பூத்துக் கொட்டி பொத்தியும் சூம்பி வாழைக்காய் அளவிலேயே இருந்தது. அவற்றை முறித்து எறிய வேண்டுமே தவிர சந்தைக்கு கொண்டு செல்ல முடியாது.

அப்பா சொன்னது போல் — இங்கே எந்த வாழையையும் ஆழ கிடங்கு வெட்டி நட்டதாக தொரிய வில்லை . கொண்டு வந்த தடியால் பொத்தியை குத்தி முறிக்கப் பார்த்தான் . பொத்தி மாட்டேன் என்று குலையோடு சேர்ந்து தலையை ஆட்டியது .

வாழைக்குலையில் தடி குத்தி காயம் பட்டு காய் கண்ணீர் விட்டு அழுதது.
சற்றே சரிந்து நின்ற ஒரு மரத்தில் இருந்து பகீரதப்பிரயத்-தனத்தின் பின் ஒரு பொத்தி பிடுங்கி விட்டான். குறைந்தது 20 பொத்தி பிடுங்கினால் தான் அந்த பை நிறையும்.
அந்த ஒரு பொத்தியுடன் பையை இழுத்துக்கொண்டு எட்-டாத பொத்திகளுக்கு கொட்டாவி விட்டபடி எட்டும் உயரத்-தில் பொத்தி தேடி அலைந்தான். ஆனால் மற்றைய மூவ-ரும் அரை வாசி பையை நிரப்பிவிட்டார்கள்.

இந்த ஒரு பொத்திக்கு என்ன கூலி தருவார்கள் அதைக்கொண்டு ஒரு பணிசாவது வாங்கிவிட முடியுமா என எண்ணியபடி நடந்தான்

ஒருவன் அவனிடம் வந்து பையை பார்த்து சிரித்து விட்டு

“ எத்தனை பொத்தி புடுங்கினாய் கரன் ? ” என்றான்.

“கனக்க பொத்தி கண்டு வச்சிருக்கிறேன் ஆனா ஒண்டு-தான் புடுங்கினனான்” என்றான் தலையை பையினுள் ஓட்டி அந்த பொத்தியை பார்த்தபடி.

வந்தவன் வயிற்றைப் பிடித்துக் கொண்டு சிரித்தான்.

பின் “இனி என்ன செய்யப்போகிறாய் ? ” என்றான்.

“ என்னை தூக்கிப் பிடிச்சால் மள மளவென்று பிடுங்-குவேன் “ என்றான். அப்பா தூக்கிப் பிடிக்க பப்பாப்பழம் பிடுங்கிய ஞாபகத்தில். வந்தவன் ஓடியே விட்டான் .

பையை கீழே போட்டு விட்டு அதன்மேல் இருந்தபடி ‘என்னண்டு இந்த பொத்திகளை புடுங்கலாம்’ என ஒரு அழகிய பொத்தியை பார்த்துக் கொண்டு யோசித்தான். அந்த பொத்தியின் ஒரு இதழ் மெல்ல விரிந்து இருந்தது. உள்ளே வாழைப்பூவில் இருந்த தேனை குடிக்க முடியாமல் ஒரு வண்டு சற்றிச் சுற்றிப் பறந்தது கொண்டிருந்தது . ஏதோ சிந்தனையில் தோன்ற திடீரென எழுந்து அந்த மூவரையும் தேடி ஓடினான்.

அவர்கள் மூட்டையை சுமக்க முடியாமல் சுமந்து கொண்டு நடந்தார்கள்.

“உங்கள் மூவரினின் பைகளையும் ஓர் இடத்தில் வைத்துவிட்டு பொத்தியை பிடுங்கி என்னிடம் தாருங்கள் நான் ஓடி ஓடி அவரவர் பையில் போட்டு விட்டு வருகிறேன் நீங்கள் சுமக்க வேண்டிய அவசியம் இல்லை “ என்றான் மூச்சு வாங்கியபடி .

அவர்களுக்கும் அது நல்ல யோசனையாகவே பட்டது ஆனால் அதற்காக இவனுக்கு என்ன கூலி கொடுப்பது என்று யோசித்தார்கள். இறுதியில் எந்த முடிவிற்கும் வராமலே அவனிடம் பொத்திகளை முறித்து கொடுத்தார்கள் அவனும் ஓடி ஓடி அவரவர் பையில் போட்டுவிட்டு வந்தான். கூடவே வழியில் கண்ட பொத்திகளை அவர்களுக்கு கூப்பிட்டுக் காட்டினான் . சற்று நேரத்திலேயே மூவரினதும் அந்த உரப் பை நிரம்பி விட்டது.

நேரம் மதியம் மூன்று மணியாகிக் கொண்டிருந்தது அந்த மூவரையும் விட அவனே களைத்து விட்டான் காலை குடித்த கஞ்சி செமித்து பசி எடுத்தது.

அவனது பை மட்டும் அந்த ஒரு பொத்தியுடன் தவம் கிடந்தது. மூவரில் ஒருவன்

“இனி முறிக்கும் பொத்திகளை உன் பையில் போடு” என்றான்.

கரனின் முகத்தில் முழுச் சந்திரன் பிரகாசித்தான். அவர்கள் முறித்து தந்த பொத்திகளை தனது பையினுள் போட்டான். இருந்தும் என்ன பயன் தோட்டத்தில் இருந்த பொத்திகள் முழுவதும் பறிக்கப்பட்டு விட்டது.

“ இவ்வளவுதான் இனி இல்லை வாங்கோ தோட்டக்காற ஐயா வரும் வரைக்கும் அதில போய் இருப்போம்”

என்றபடி ஒருவன் காவற்கொட்டிலை நோக்கி நடந்தான் . மற்றவர்களும் அவனை பின் தொடர்ந்து சென்றனர். கரன் ஒவ்வொரு வாழையாக அண்ணாந்து பார்த்தபடியே பின்னால் நடந்தான் .

ஒவ்வெருவரும் தத்தம் மூட்டைகளோடு முதலாளிக்காக காத்திருந்தார்கள். கரனின் பையில் ஆக எட்டு பொத்தி-களே இருந்தது .

தோட்டக்காரரும் வந்தார்

“எத்தனை மூட்டை ? ” என்று கேட்டார்.

அந்தக் குழுவின் தலைவன் “ மூன்று மூட்டை “ என்-றான்.

“அந்தப் பையில் எத்தனை ? ” என்று கரனை பார்த்துக் கேட்டார்.

உற்சாகமான குரலில் “ எட்டு பொத்திகள் ஐயா ” என்-றான் கரன்.

எல்லோருக்கும் பொதுவாக முப்பது ரூபாயை ஒருவனிடம் கொடுத்து விட்டு கரனின் பையில் இருந்த எட்டு பொத்திக-ளையும் ஆளுக்கு இவ்விரண்டாக பிரித்து எடுக்குமாறு கூறி விட்டு தோட்டக்காரர் சென்று விட்டார்.

கரன் மாறி மாறி மூவரின் முகத்தையும் பார்த்தபடி நின்-றான்.

“இந்த மூன்று மூட்டைக்கும் தான் முப்பது ரூபாய் தந்தி-ருக்கிறார் . கரன் அந்த எட்டுப் பொத்தியையும் நீயே எடுத்-துக் கொள் எங்களுக்கு வேண்டாம் நாங்கள் காசை பிரித்து எடுத்துக்கொள்கிறோம் ” என்றான் குழுவின் தலைவன்.

கரனின் பணிஸ் கனவு மெல்ல கரைய ஆரம்பித்தது கண்கள் நீரரும்ப தொண்டை வரை துக்கம் முட்டியது ஓ என்று அழுது விட வேண்டும் போல் இருந்தது . எதையும் காட்டிக் கொள்ளாமல் சரி என தலையை ஆட்டி விட்டு அந்த எட்டுப் பொத்தியோடு வீடு வந்தான்.

களி மண் உடலெங்கும் புரண்டபடி வாழைப் பொத்தி-யுடன் வந்த மகனைப் பார்த்து படுக்கையில் கிடந்தபடியே கண்ணீர் வடித்தார் அம்மா.

அன்று முளுவதும் தம்பியை பார்த்துக்கொண்டு இருந்த பக்கத்து வீட்டு அக்காவிடம் ஒரு பொத்தியை கொடுத்தான். அம்மாவுக்காக மாரியம்மன் தாலாட்டு பாட வரும் ஐயாவுக்-

கும் ஒரு பொத்தியை கொடுத்தான். இரண்டு பொத்திகளை வீட்டில் வைத்து விட்டு. மீதி நான்கு பொத்திகளுடனும் அந்த பெட்டிக் கடையை நோக்கி ஓடினான்.

கடையில் இருந்த அந்த கண்ணாடிப் பெட்டியில் இன்னமும் மூன்று பணிஸ் மீதியாக இருந்தது. அந்த பெட்டியையும் தன் கையில் இருந்த பொத்தியையும் கடை முதலாளியையும் மாறி மாறி பார்த்தபடி நின்றான்.

"என்னடா வேணும்?" என்றார் முதலாளி.

எதுவும் பேசாது ஊமையாக நின்றான்.

மீண்டும் சற்று உரத்த தொனியில் "என்னடா வேணும்?" என்றார் முதலாளி.

அவரது பெறுமாத வண்டியை பார்த்த படியே

" உங்களுக்கு வாழைப்பொத்தி வேணுமா?" என்று கேட்டான்

" எங்க காட்டு பாப்பம் " என்றார்.

பையை எட்டிக் கொடுத்தான்.

"பறவாய் இல்லையே பொத்தி வாடாம நல்லாத்தான் இருக்கு இப்பதான் புடுங்கி இருக்குப்போல சரி என்ன விலை? " என்றார்.

அவன் அந்த கண்ணாடிப் பெட்டி பணிஸையே பார்த்தபடி நின்றான். நான்கு பொத்திகளையும் எடுத்து முட்டைக்கோவாவிற்கு அருகில் வைத்தது விட்டு பையை அவனிடம் கொடுத்தார். பின் ஒரு பொத்திக்கு இரண்டு ரூபா வீதம் எட்டு ரூபா காசை மடித்து அவனின் உள்ளங் கையில் வைத்தார். அவனின் கண்கள் அந்த கண்ணாடிப் பெட்டியை விட்டு அகலவில்லை காசோடு கையை மேசையில் வைத்தபடி சிலையாய் நின்றான்.

முதலாளி அந்த மூன்று பணிசையும் ஒரு சரையில் சுத்தி அவனிடம் கொடுத்து விட்டு.

" உன் பொத்திக்கு இதை விட நல்ல விலை யாரும் தர மாட்டார்கள் " என்று கூறினார்.

பையை கமக்கட்டில் வைத்துக் கொண்டு இரு கையிலும் இருந்த பணிசையும் காசையும் மாறி மாறி பார்த்தபடி வீடு நோக்கி ஓடினான்.

15. வாழைக்கன்று கல்யாணம்!

அழகான அந்திப் பொழுது எப்படி சென்று மறைந்ததென, யாருக்கும் தெரியாதது போல், எனக்கும், விஜயராகவனுக்கும், எப்போது, எப்படி அன்பு ஊடுருவியது என்று, சொல்லத்தெரியவில்லை. நட்புக்கு வயது வரம்பில்லை என்பதற்கு உதாரணமாய், அவர் அறுபதில் இருந்தார்; நான் இருபதில் இருந்தேன்.

அண்டை வீட்டுக்காரர்களான நாங்கள், மாலைப் பொழுதுகளில், ஈசிசேரில் எதிரெதிரே அமர்ந்து, பேசிக் கொண்டிருப்பதை பார்க்கலாம். அவரிடம் நிறைய வித்தியாசமான அணுகுமுறைகள் உண்டு. துளசி, ஜாதி பத்திரி, திண்ணீர் பத்திரி, மரிக்கொழுந்து என, மூலிகைச் செடிகள், அவர் கொல்லைப் புறத்தில் எப்போதும் இருக்கும்.

குளிக்க வெந்நீர் காய வைக்கும் போது, அந்தச் செடிகளிலிருந்து, சிறிது இலைகளை கிள்ளி, தண்ணீருக்குள் போட்டு வைப்பார். நீர், சூடாக சூடாக, அந்த இலைகளின் சாறு கலந்து அந்தத் தண்ணீர், மணமும், மருத்துவ குணமும் மிக்கதாக மாறும். அதில் தான் அவர் குளிப்பார்.

ஞாயிற்று கிழமைகளில், அவர் வீட்டை எட்டிப் பார்த்தால், ஆட்டுக் கால்களை வாங்கி வந்து, தீ மூட்டி வாட்டி, கத்தியால் அதில் இருக்கிற முடிகளை சுரண்டி கொண்டிருப்பார். பின், அதை போட்டு, அவரே சூப் தயாரித்து, சுடச்சுட நீட்டுவார். இதையெல்லாம் வைத்து, அவர் ஆரோக்கியமாகவும், திடகாத்திரமாகவும் இருப்பார் என்று தானே நினைக்கிறீர்கள். அது தான் இல்லை. எந்த நிமிடம் அவருக்கு உடல்நிலை சரியில்லாமல் போகும், அவர் மனைவி கைத்-

தாங்கலாய் பிடித்து, ஆட்டோவில் அமர்த்தி, மருத்துவ-மனைக்கு கூட்டிச் செல்வார் என்று தெரியாது.

ஒரு நாள் அவரிடமே கேட்டுவிட்டேன்.

"ஆரோக்கியத்திற்காக இவ்வளவு செய்கிறீர்களே... அப்புறம் எப்படி உங்கள் உடம்பு இந்த நிலையில் இருக்கு?"

"எனக்கு வியாதி உடம்புலன்னு நினைக்கிறியா?' என்று கேட்டுவிட்டு, மறுப்பாய் தலையசைத்தவர், "சின்ன வயசில் இருந்து பழகிய பழக்கத்தில் தான் என்னுடைய அன்றாட வாழ்க்கை நடந்துட்டுருக்கு. அதான் நீ பார்க்கிற மூலிகை குளியல் சமாச்சாரமெல்லாம். என் பையனுக்கு முப்பத்தேழு வயசாகுது. இன்னும், கல்யாணம் பண்ணி வைக்க முடி-யலை. என் மனசு நோயா போச்சு. மனசு நலிஞ்சா, எல்-லாமே நலிஞ்சுருண்டா...' என்றார்.

அவருக்கு ஒரே மகன். பெயர் கனகராஜ். அவனுக்கு திரு-மணம் அமையாமல், தள்ளிக் கொண்டே போவது தான், அவர் குடும்பத்தை வாட்டி வதைத்துக் கொண்டிருந்தது.

அவர் மகன் கனகராஜ், அலையாத அலைச்சல் இல்லை. புரோக்கர்களுக்கு கொடுக்கவே, தனியாக சம்பாதிக்க வேண்-டியிருந்தது. சில லோக்கல் புரோக்கர்கள், "சரக்கடிக்க' காசில்லா விட்டால், ஏதாவதொரு ஜாதக ஜெராக்சை காட்டி, பணம் வாங்கிச் செல்வதை, வழக்கமாய் கொண்டி-ருந்தனர்.

விஜயராகவன் குடும்பத்திற்கு, ஏதாவது உதவி செய்ய வேண்டும் என்று தோன்றியது. எனக்கு தெரிந்த கோவிலில், அர்ச்சனை செய்பவரும், ஊரில் மரியாதைக்குரியவருமான ஒரு ஜோதிடரை அணுகி, கனகராஜின் ஜாதகத்தைக் கொடுத்தேன். அதை, ஆராய்ந்து பார்த்தார்.

"தீர்த்த ஸ்தலத்திற்கு போய், ஒரு பரிகாரம் செய்ய வேண்-டும். ஒரு வாழைக்கன்றுக்கு தாலிகட்டி, தோஷம் கழித்தால், நல்லதே நடக்கும்...' என்றார். அவரது வார்த்தைகள், நம்-பிக்கையூட்டின.

இந்த விவரத்தை, விஜயராகவன் வீட்டினரிடம் சொன்னதும்,

தீர்த்த ஸ்தலத்திற்கு சென்று, பரிகாரம் செய்வதென முடிவா-
கியது. அந்த ஜோதிடரையும் கூட்டிக் கொண்டு, வாழைக்
கன்று உட்பட, அவர் சொல்லிய பரிகார உபகரணங்களுடன்,
ஒரு வாடகைக் காரில் புறப்பட்டோம்.

காவிரி ஆற்றங்கரையில் கார் நின்றது.

எல்லாரும் காவிரியில் குளித்தோம். ஈரத்துணியோடு, சட்டை
இல்லாமல், காவிரிக் கரையில் கனகராஜ், அமர வைக்கப்-
பட்டான். பரிகார நியமங்கள் நடந்தன. ஜோதிடர், சொல்லச்
சொல்ல, அவன் மந்திரங்களைச் சொன்னான். கிட்டத்தட்ட,
அது ஒரு திருமணம் போலவே நடந்தது. வாழைக்கன்றுக்கு
கனகராஜ் தாலிகட்ட, நாங்கள் அட்சதை தூவினோம்.

அதன் பின், ஆற்றங்கரையிலிருந்த கோவிலுக்குப் போய்,
எல்லா தெய்வங்களையும் வணங்கினோம்.

ஒரு வருடம் ஓடி விட்டது. ஆனால், திருமணம் தான் கூட-
வில்லை. திருமணம் என்பது, பல வட்டங்களுக்கு உட்பட்டி-
ருந்தது.

ஜாதி என்ற ஒரு வட்டம். ஜாதகம் என்ற வட்டத்திற்கு மேல்
ஒரு வட்டம். அந்தஸ்து என்று, மேலும் ஒரு வட்டம். அப்-
புறம், அழகு வட்டம், நிற வட்டம், தர வட்டம் என, அது
விரிந்து கொண்டே போகிறது. வட்டத்திற்கு நடுவில், பரிதா-
பமாய் நிற்க நேர்கிறது.

கண்முன் உலவும் ஜோடிகளைப் பார்க்கவும், நண்பர்கள் மற்-
றும் உறவினர்கள் கேட்கும் கேள்விகளை சந்திக்கவும், சங்க-
டப்பட்டு, விசேஷங்களுக்கு போகாமல், வீட்டிலேயே முடங்க
ஆரம்பித்தான் கனகராஜ்.

ஆனாலும், அர்த்த ராத்திரியில், இயற்கையாய் எழும் அந்-
தரங்க உணர்வுகள், செல்லாய் அரித்தன. ஒரு குடும்பத்தில்,
எத்தனை பேர் இருந்தாலும், தனக்கென ஒரு பெண் இல்-
லாவிட்டால், அது, கொடிய தனிமை தானே. ஒரு
பெண்ணை கரம் பிடிப்பதில் தானே, வாழ்க்கை முழுமை
நிலையை அடையும். அது இல்லாத வெறுமை, எத்தனை
சூனியமானது!

எவ்வளவோ முயன்றும், கனகராஜுக்கு பெண் கிடைக்-

கவில்லை. விஜயராகவனும், தன் முயற்சியில் சளைக்கவில்லை. தன் சொந்த கிராமத்தில் இருக்கும் கருப்பராயசாமி கோவிலில், சித்திரை ஒன்றாம் தேதி, அன்னதானம் செய்தார். ஆனால், சித்ரவதை தீரவில்லை.

அவர் உடல் நலமும், நாளுக்கு நாள் மோசமாகிக்கொண்டே போனது.

ஒரு நாள், வீட்டிற்கு குடித்து விட்டு வந்திருந்தான் கனகராஜ்.

குடித்துவிட்டு வந்த முதல் நாளே, தகராறு வந்து விட்டது. "ஒழுக்கமா இருக்கிற போதே, பொண்ணு கிடைக்க பெரும்பாடு. இப்ப இது வேறயா... அப்புறம் மண்வெட்டி கல்யாணம் தாண்டா செய்யணும்...' என, விஜயராகவன் சத்தம் போட, பதிலுக்கு அவனும் கத்த, வாய்த்தகராறு முற்றியது. தந்தையும், மகனுமே அடித்துக் கொள்ள ஆரம்பித்தனர். அவர் மனைவி கத்திய சத்தத்தில், அக்கம் பக்கத்தினர் ஓடி வந்து சண்டையை விலக்கி விட்டனர்.

சம்பவம் கேள்விப்பட்டு, மறுநாள் நான் சென்று அப்பாவையும், மகனையும் சமாதானப்படுத்தினேன். எனினும், இயல்பு நிலைக்கு திரும்ப சிறிது நாள் ஆனது.

"கேரளாவிற்கு போனா, பொண்ணு கிடைக்கும்ன்னு பேசிக்கிறாங்க... நம்ம ஆளுக நிறைய பேர் முயற்சி செய்றாங்க... நாமும் முயற்சி செய்தால் என்ன?' ஒரு மாலை நேர சந்திப்பில் நான் கேட்க, விரக்தியாய் சிரித்தார் விஜயராகவன்.

"கேரளாகாரன், தண்ணியே கொடுக்க மாட்டேங்கிறான். பொண்ணு கொடுப்பானா... சொல்லு?' என்றவர், திடீரென நெஞ்சை பிடித்துக் கொண்டார்.

"ஐயோ... வலிக்குதே...' என்று துடித்தவர், சட்டென நாற்காலியிலிருந்து விழுந்து விட்டார். வாயில் நுரை வர, கைகள் இழுத்துக் கொண்டன. உடனடியாக, ஆம்புலன்ஸ் வரச்சொல்லி, ஏற்றிக் கொண்டு பறந்தோம். அதிகாலையில் விஜயராகவன் உயிர் பிரிந்து விட்டது.

மறுநாள் இரவு, அவர் உடல் மயானத்தில் எரிந்து கொண்-டிருந்தது. எல்லா சடங்கும் முடிந்து, அனைவரும் கிளம்பி விட்டனர். நகர மனமின்றி, நான் மட்டும் அந்த தீப்பிழம்-பையே பார்த்தபடி நின்றேன்.

மரணத் தருவாயில் அவர் என்னிடம் கூறிய விஷயம், எனக்குள் திரும்ப திரும்ப வலம் வந்து கொண்டிருந்தது.

"யாருக்கும் எந்த தீங்கும் செய்யாமல், பாவமற்ற வாழ்க்-கைதான் வாழ்ந்தேன். எனினும், நான் இந்த நிம்மதியற்ற வாழ்க்கைக்கு ஆளானதற்கு காரணம், நான் செய்த ஒரே ஒரு பாவம் தான். அதை கடைசியாக யாரிடமாவது, சொல்லி விடத் துடிக்கிறேன். அதை, உன்னிடம் சொல்லி விடுகிறேன்...' என்று கண்கலங்கினார் விஜயராகவன்.

"சொல்லுங்க...' என்றேன்.

"என் மகன் கனகராஜ் பிறந்து சில வருடங்களில், என் மனைவி மீண்டும் கருவுற்றாள். "ஸ்கேன்' செய்து பார்த்-ததில், கருவிலிருப்பது பெண் சிசு என்று தெரிய வந்தது. அப்போது, நான் பொறுப்பாக வேலை வெட்டிக்கு போகா-மல், ஊர் சுற்றிக் கொண்டிருந்த நேரம்...

"என்னுடைய அக்கா, "நம்ம ஜாதில பெண் குழந்தையை பெத்துட்டா, சீர், சிறப்பு, சடங்கு, கல்யாணம், கிடாக்கறின்னு செலவு செஞ்சு மாளாது. பேசாம இதை கலைச்சுரு. அது தான் புத்திசாலித்தனம். ஒரு பையனே போதும். ராஜாவாட்-டம் இருக்கலாம்...' என்று கூற, நானும் சம்மதித்தேன். அதுவும் ஒரு உயிர். அதுவும் ஒரு ஆன்மா என்பதை, அப்போது நான் எண்ணிப் பார்க்கவில்லை. டாக்டரிடம் சொல்லி, கருவை கலைத்து விட்டோம். இன்று, அதுவே எனக்கு எதிர்வினையாகி நிற்கிறது. பாவம் சுற்றி வளைத்து கொண்டது...

"அதாவது, நான் எப்படி பெண்ணைப் பெற்று, வளர்த்து, செலவு செய்து, அடுத்தவனுக்கு கட்டிக் கொடுக்க விரும்-பவில்லையோ, அதே போல், என் மகனுக்கு பெண் கொடுக்க, இன்று ஆள் இல்லை. நான், எப்படி பெண்

கருவை கலைத்தேனோ, அதே போல, பலரும் பெண் கருவை கொன்றிருக்கின்றனர். வெளியே தெரியாவிட்டாலும், பெண் சிசுவை கொன்றதற்கு, கணக்கே இல்லை. அவ்வளவு கொடூரம்...

"ஆண்கள் எண்ணிக்கைக்கேற்ப, இன்று பெண்கள் இல்லை. ஊருக்கு ஊர், வீட்டுக்கு வீடு, மணமாகாத ஆண்கள் இருக்கின்றனர். வீட்டிற்கு ஒரு மரம் வளர்ப்போம் என்பது போல், வீட்டிற்கு ஒரு மணமகன் வளர்ப்போம் என வளர்த்து வைத்திருக்கிறோம். மாயமானை தேடிய ராமனை போல, இன்று இல்லாத பெண்களை தேடி, இளைஞர்கள் அலைந்து கொண்டிருக்கின்றனர், என் மகன் உட்பட...' சொல்லி முடித்துவிட்டு, கண்களை மூடிக்கொண்டார் விஜயராகவன்; பிறகு திறக்கவே இல்லை.

விஜயராகவன் மறைந்து, சில மாதங்களானது. துளசி, திண்ணீர் பத்திரி, மரிக்கொழுந்து செடிகள் இருந்த அவர் வீட்டுக் கொல்லை, கேட்பாரற்று புதர் மண்டிக் கிடந்தது.அந்த வீட்டு கேட்டை திறந்து, வெளிப்பட்டான் கனகராஜ்.

அப்போது எதிர்பட்ட நான், ""அவசரமா கிளம்பிட்டிங்க போல..." என்றேன்.

""ஆமாம் காட்டுப்பாளையத்தில், புரோக்கர் ஒருத்தர் இருக்காராம்... அவரை பொண்ணு பார்க்க சொல்லணும்..." என்றபடி, நடந்து போனான் கனகராஜ்.

16. செவ்வாழை

செங்கோடன், அந்தச் செவ்வாழைக் கன்றைத் தன் செல்லப் பிள்ளை போல் வளர்த்து வந்தான். இருட்டுகிற நேரம் வீடு திரும்பினாலும் கூட, வயலிலே அவன் பட்ட கஷ்டத்தைக் கூடப் பொருட்படுத்தாமல், கொல்லைப்புறம் சென்று, செவ்வாழைக் கன்றைப் பார்த்துவிட்டு, தண்ணீர் போதுமானபடி பாய்ச்சப்பட்டிருக்கிறதா என்று கவனித்து விட்டுத்தான், தன் நான்கு குழந்தைகளிடமும் பேசுவான். அவ்வளவு பிரேமை-

யுடன் அந்தச் செவ்வாழையை அவன் வளர்த்து வந்தான். கன்று வளர வளர அவன் களிப்பும் வளர்ந்தது. செவ்வாழைக்கு நீர் பாய்ச்சும் போதும், கல் மண்ணைக் கிளறிவிடும் போதும், அவன் கண்கள் பூரிப்படையும்- மகிழ்ச்சியால். கரியனிடம்-அவனுடைய முதல் பையன்- காட்டியதைவிட அதிகமான அன்பும், அக்கறையும் காட்டுகிறாரே என்று ஆச்சரியம், சற்றுப் பொறாமைகூட ஏற்பட்டது குப்பிக்கு.

"குப்பி! ஏதாச்சும் மாடுகீடு வந்து வாழையை மிதிச்சிடப் போகுது. ஜாக்ரதையாக் கவனிச்சுக்கோ. அருமையான கன்று——ஆமாம், செவ்வாழைன்னா சாமான்யமில்லே. குலை, எம்மாம் பெரிசா இருக்கும் தெரியுமோ? பழம், வீச்சு வீச்சாகவும் இருக்கும், உருண்டையாகவும் இருக்கும்——ரொம்ப ருசி பழத்தைக் கண்ணாலே பார்த்தாக் கூடப் போதும்; பசியாறிப் போகும்" என்று குப்பியிடம் பெருமையாகப் பேசுவான் செங்கோடன்.

அப்பா சொல்லுவதை நாலு பிள்ளைகளும் ஆமோதிப்பார்கள்——அதுமட்டுமா——பக்கத்துக் குடிசை, எதிர்க் குடிசைகளிலே உள்ள குழந்தைகளிடமெல்லாம், இதே பெருமையைத்தான் பேசிக் கொள்வார்கள். உழவர் வீட்டுப் பிள்ளைகள், வேறே எதைப் பற்றிப் பேசிக் கொள்ள முடியும்——அப்பா வாங்கிய புதிய மோட்டாரைப் பற்றியா, அம்மாவின் வைரத்தோடு பற்றியா, அண்ணன் வாங்கி வந்த ரேடியோவைப் பற்றியா, எதைப் பற்றிப் பேச முடியும்? செவ்வாழைக் கன்றுதான், அவர்களுக்கு, மோட்டார், ரேடியோ, வைரமாலை, சகலமும்!

மூத்த பயல் கரியன், "செவ்வாழைக் குலை தள்ளியதும், ஒரு சீப்புப் பழம் எனக்குத்தான்" என்று சொல்லுவான்.

"ஒண்ணுக்கூட எனக்குத் தரமாட்டாயாடா——நான் உனக்கு மாம்பழம் தந்திருக்கிறேன்? கவனமிருக்கட்டும்——வறுத்த வேர்க்கடலை கொடுத்திருக்கிறேன்; கவனமிருக்கட்டும்"——என்று எதிர்க் குடிசை எல்லப்பன் கூறுவான்...

கரியனின் தங்கை, காமாட்சியோ, கண்ணைச் சிமிட்டிக் கொண்டே "உனக்கு ஒரு சீப்புன்னா, எனக்கு இரண்டு தெரியுமா? அம்மாவைக் கேட்டு ஒரு சீப்பு, அப்பாவைக் கேட்டு ஒரு சீப்பு" என்று குறும்பாகப் பேசுவாள்.

மூன்றவாது பையன் முத்து, "சீப்புக் கணக்குப் போட்டுக்கிட்டு ஏமாந்து போகாதீங்க——ஆமா——பழமாவதற்குள்ளே யாரார் என்னென்ன செய்து விடுவாங்களோ, யாரு கண்டாங்க" என்று சொல்லுவான்——வெறும் வேடிக்கைக்காக அல்ல——திருடியாவது மற்றவர்களைவிட அதிகப்படியான பழங்களைத் தின்றே தீர்த்து விடுவது என்று தீர்மானித்தே விட்டான்.

செங்கோடனின் செல்லப் பிள்ளையாக வளர்ந்து வந்தது செவ்வாழை. உழைப்பு அதிகம் வயலில். பண்ணை மானேஜரின் ஆர்ப்பாட்டம் அதிகம். இவ்வளவையும் சகித்துக் கொள்வான்——செவ்வாழையைக் கண்டதும் சகலமும் மறந்துபோகும். குழந்தைகள் அழுதால், செவ்வாழையைக் காட்டித்தான் சமாதானப்படுத்துவான்! துஷ்டத்தனம் செய்கிற குழந்தையை மிரட்டவும், செவ்வாழையைத்தான் கவனப்படுத்துவான்! குழந்தைகள், பிரியமாகச் சாப்பிடுவார்கள், செவ்வாழையை என்ற எண்ணம் செங்கோடனுக்கு. பண்ணை வீட்டுப் பிள்ளைகள் ஆப்பிள், திராட்சை தின்ன முடிகிறது-கரியனும் முத்துவும், எப்படி விலை உயர்ந்த அந்தப் பழங்களைப் பெற முடியும்? செவ்வாழையைத் தந்து தன் குழந்தைகளைக் குதூகலிக்கச் செய்ய வேண்டும் என்ற எண்ணந்தான் செங்கோடனை, அந்தச் செவ்வாழைக் கன்றைச் செல்லமாக வளர்க்கும்படிச் செய்தது. உழவன் செங்கோடனிடம், எவ்வளவு பாடுபட்டாலும், குழந்தைகளுக்குப் பழமும், பட்சணமும், வாங்கித் தரக்கூடிய 'பணம்' எப்படிச் சேர முடியும்? கூலி நெல், பாதி வயிற்றை நிரப்பவே உதவும்-குப்பியின் 'பாடு' குடும்பத்தின் பசியைப் போக்கக் கொஞ்சம் உதவும். இப்படிப் பிழைப்பு! பலனில் மிகப் பெரும் பகுதியோ, பண்ணைக்குச் சேர்ந்து விடுகிறது. இந்தச் 'செவ்வாழை' ஒன்றுதான் அவன் சொந்தமாக மொத்தமாக பலன் பெறுவதற்கு உதவக்-

கூடிய, உழைப்பு! இதிலே பங்கு பெற பண்ணையார் குறுக்கிட முடியாதல்லவா? அவருக்காகப் பாடுபட்ட நேரம் போக, மிச்சமிருப்பதிலே, அலுத்துப் படுக்க வேண்டிய நேரத்திலே பாடுபட்டு, கண்ணைப் போல வளர்த்து வரும் செவ்வாழை! இதன் முழுப் பயனும் தன் குடும்பத்துக்கு! இது ஒன்றிலாவது தான் பட்ட பாட்டுக்கு உரிய பலனைத் தானே பெற முடிகிறதே என்று சந்தோஷம் செங்கோடனுக்கு.

இவ்வளவும் அவன் மனதிலே, தெளிவாகத் தோன்றிய கருத்துகள் அல்ல. புகைப்படலம் போல, அந்த எண்ணம் தோன்றும், மறையும்-செவ்வாழையைப் பார்க்கும்போது பூரிப்புடன் பெருமையும் அவன் அடைந்ததற்குக் காரணம் இந்த எண்ணந்தான்.

கன்று வளர்ந்தது கள்ளங்கபடமின்றி. செங்கோடனுக்குக் களிப்பும் வளர்ந்தது. செங்கோடனின் குழந்தைகளுக்கு இப்போது விளையாட்டு இடமே செவ்வாழை இருந்த இடந்தான்! மலரிடம் மங்கையருக்கும், தேனிடம் வண்டுகளுக்கும் ஏற்படும் பிரேமை போல, அந்தக் குழந்தைகளுக்குச் செவ்வாழையிடம் பாசம் ஏற்பட்டு விட்டது.

"இன்னும் ஒரு மாசத்திலே குலை தள்ளுமாப்பா?" கரியன் கேட்பான் ஆவலுடன் செங்கோடனை.

"இரண்டு மாசமாகும்டா கண்ணு" என்று செங்கோடன் பதிலளிப்பான்.

செவ்வாழை குலை தள்ளிற்று— செங்கோடனின் நடையிலேயே ஒரு புது முறுக்கு ஏற்பட்டு விட்டது. நிமிர்ந்து பார்ப்பான் குலையை பெருமையுடன்.

பண்ணை பரந்தாம முதலியார், தமது மருமகப் பெண் முத்துவிஜயாவின் பொன்னிற மேனியை அழகுபடுத்திய வைர மாலையைக் கூட அவ்வளவு பெருமையுடன் பார்த்திருக்க மாட்டார்! செங்கோடனின் கண்களுக்கு அந்தச் செவ்வாழைக் குலை, முத்துவிஜயாவின் வைர மாலையைவிட விலைமதிப்புள்ளதாகத்தான் தோன்றிற்று. குலை முற்றமுற்ற செங்கோடனின் குழந்தைகளின் ஆவலும், சச்சரவும் பங்குத் தகராறும், அப்பாவிடமோ அம்மாவிடமோ 'அப்பீல்'

செய்வதும் ஓங்கி வளரலாயிற்று. "எப்போது பழமாகும்?" என்று கேட்பாள் பெண். 'எத்தனை நாளைக்கு மரத்திலேயே இருப்பது?' என்று கேட்பான் பையன். செங்கோடன், பக்குவமறிந்து குலையை வெட்டி, பதமாகப் பழுக்க வைத்துப் பிள்ளைகளுக்குத் தரவேண்டுமென்று எண்ணிக் கொண்டிருந்தான். உழைப்பின் விளைவு! முழுப் பலனை நாம் பெறப் போகிறோம—இடையே தரகர் இல்லை—முக்காலே மூன்று வீசம் பாகத்தைப் பறித்துக் கொள்ளும் முதலாளி இல்லை. உழைப்பு நம்முடையது என்றாலும் உடைமை பண்ணையாருடையது—அவர் எடுத்துக் கொண்டது போக மீதம் தானே தனக்கு என்று, வயலில் விளையும் செந்நெல்லைப் பற்றி எண்ண வேண்டும்—அதுதானே முறை! ஆனால் இந்தச் செவ்வாழை அப்படி அல்ல! உழைப்பும் உடைமையும் செங்கோடனுக்கே சொந்தம்.

இரண்டு நாளையில், குலையை வெட்டிவிடத் தீர்மானித்தான்—பிள்ளைகள் துள்ளின சந்தோஷத்தால். மற்ற உழவர் வீட்டுப் பிள்ளைகளிடம் 'சேதி' பறந்தது—பழம் தர வேண்டும் என்று சொல்லி, அவலோ, கடலையோ, கிழங்கோ, மாம்பிஞ்சோ, எதை எதையோ, 'அச்சாரம்' கொடுத்தனர் பல குழந்தைகள் கரியனிடம்.

பாடுபட்டோம், பலனைப் பெறப் போகிறோம், இதிலே ஏற்படுகிற மகிழ்ச்சிக்கு ஈடு எதுவும் இல்லை. இதைப் போலவே, வயலிலும் நாம் பாடுபடுவது நமக்கு முழுப்பயன் அளிப்பதாக இருந்தால் எவ்வளவு இன்பமாக இருக்கும்! செவ்வாழைக்காக நாம் செலவிட்ட உழைப்பு, பண்ணையாரின் நிலத்துக்காகச் செலவிட்ட உழைப்பிலே, நூற்றுக்கு ஒரு பாகம் கூட இராது—ஆனால் உழைப்பு நம்முடையதாகவும் வயல் அவருடைய உடைமையாகவும் இருந்ததால் பலனை அவர் அனுபவிக்கிறார் பெரும்பகுதி. இதோ, இந்தச் செவ்வாழை நம்மக் கொல்லையிலே நாம் உழைத்து வளர்த்தது-எனவே பலன் நமக்குக் கிடைக்கிறது—இதுபோல நாம் உழைத்துப் பிழைக்க நம்முடையது என்று ஒரு துண்டு வயல் இருந்தால், எவ்வளவு இன்பமாக இருக்கும்.

அப்படி ஒரு காலம் வருமா! உழைப்பவனுக்குத்தான் நிலம் சொந்தம்-பாடுபடாதவன் பண்ணையாராக இருக்கக் கூடாது என்று சொல்லும காலம் எப்போதாவது வருமா என்றெல்லாம் கூட, இலேசாகச் செங்கோடன் எண்ணத் தொடங்கினான். செவ்வாழை இதுபோன்ற சித்தாந்தங்களைக் கிளறி விட்டது அவன் மனதில். குழந்தைகளுக்கோ நாக்கிலே நீர் ஊறலாயிற்று.

செங்கோடன் செவ்வாழைக் குலையைக் கண்டு களித்திருந்த சமயம், பண்ணை பரந்தாமர், தமது மருமகப் பெண் முத்துவிஜயத்தின் பிறந்தநாள் விழாவை விமரிசையாகக் கொண்டாட ஏற்பாடுகள் செய்து கொண்டிருந்தார். அம்பிகை கோயிலில் அபிஷேக ஆராதனை செய்வதற்காக, 'ஐயரிடம்' சொல்லி விட்டார். கணக்கப்பிள்ளையைக் கூப்பிட்டு, 'பட்டி' தயாரிக்கச் சொன்னார். பல பண்டங்களைப் பற்றிக்குறிப்பு எழுதும் போது, 'பழம்' தேவை என்று தோன்றாமலிருக்குமா? 'இரண்டு சீப்பு வாழைப்பழம்' என்றார் பண்ணையார்.

"ஏனுங்க பழம்——கடையிலே நல்ல பழமே இல்லை——பச்சை நாடன்தான் இருக்கு" என்று இழுத்தான் சுந்தரம், கணக்கப்பிள்ளை.

"சரிடா, அதிலேதான் இரண்டு சீப்பு வாங்கேன்?——வேறே நல்ல பழமா எங்கே இருக்கு!" என்று பண்ணையார் சொல்லி முடிப்பதற்குள், சுந்தரம், "நம்ம செங்கோடன் கொல்லையிலே, தரமா, ஒரு செவ்வாழைக் குலை இருக்குதுங்க——அதைக் கொண்டுகிட்டு வரலாம்" என்றான். "சரி" என்றார் பண்ணையார்.

செங்கோடனின் செவ்வாழைக் குலை! அவனுடைய இன்பக் கனவு!! உழைப்பின் விளைவு!! குழந்தைகளின் குதூகலம்!!

அதற்கு மரண ஓலை தயாரித்து விட்டான் சுந்தரம்!

எத்தனையோ பகல் பார்த்துப் பார்த்து, செங்கோடனின் குடும்பம் பூராவும் பூரித்தது அந்தக் குலையை! அதற்குக் கொலைக்காரனானான் சுந்தரம். மகிழ்ச்சி, பெருமை, நம்பிக்கை இவைகளைத் தந்து வந்த, அந்தச் செவ்வாழைக்

குலைக்கு வந்தது ஆபத்து.

தெருவிலே, சுந்தரமும், செங்கோடனும் பேசும்போது குழந்தைகள், செவ்வாழையைப் பற்றியதாக இருக்கும் என்று எண்ணவே இல்லை! செங்கோடனுக்குத் தலை கிறுகிறு-வென்று சுற்றிற்று——நாக்குக் குழறிற்று——வார்த்தைகள் குபுகுபுவென்று கிளம்பி, தொண்டையில் சிக்கிக் கொண்டன.

மாட்டுப் பெண்ணுக்கு பிறந்த நாள் பூஜை என்று காரணம் காட்டினான் சுந்தரம். என்ன செய்வான் செங்கோ-டன்! என்ன சொல்வான்? அவன் உள்ளத்திலே, வாழை-யோடு சேர்ந்து வளர்ந்த ஆசை——அவன் குழந்தைகளின் நாக்கில் நீர் ஊறச்செய்த ஆசை——இன்று, நாளை, என்று நாள் பார்த்துக் கொண்டிருந்த ஆவல்——எனும் எதைத்தான் சொல்ல முடியும்? கேட்பவர் பண்ணை பரந்தாமர்! எவ்வளவு அல்பனடா, வாழைக் குலையை அவர் வாய் திறந்து, உன்னை ஒரு பொருட்டாக மதித்துக் கேட்டனுப்பினால் முடியாது என்று சொல்லி விட்டாயே! அவருடைய உப்பைத் தின்று பிழைக்கிறவனுக்கு இவ்வளவு நன்றி கெட்டதனமா? கேவலம், ஒரு வாழைக்குலை! அவருடைய அந்தஸ்துக்கு இது ஒரு பிரமாதமா!——என்று ஊர் ஏசுகிறது போல் அவன் கண்களுக்குத் தெரிகிறது.

'அப்பா! ஆசை காட்டி மோசம் செய்யாதே! நான் கூடத்-தான் தண்ணீர் பாய்ச்சினேன்——மாடு மிதித்து விடாதபடி பாதுகாத்தேன்——செவ்வாழை ரொம்ப ருசியாக இருக்கும். கல்கண்டு போல இருக்கும் என்று நீதானே என்னிடம் சொன்னாய். அப்பா! தங்கச்சிக்குக் கூட, 'உசிர்' அந்தப் பழத்திடம். மரத்தை அண்ணாந்து பார்க்கும்போதே, நாக்-கிலே நீர் ஊறும். எங்களுக்குத் தருவதாகச் சொல்லிவிட்டு, இப்பொழுது ஏமாற்றுகிறாயே. நாங்கள் என்னப்பா, உன்னை கடையிலே காசு போட்டுத் திராட்சை, கமலாவா வாங்கித் தரச் சொன்னோம். நம்ம கொல்லையிலே நாம் வளர்த்த-தல்லவா!'——என்று அழுகுரலுடன் கேட்கும் குழந்தைகளும், 'குழந்தைகளைத் தவிக்கச் செய்கிறாயே, நியாயமா?' என்று கோபத்துடன் கேட்கும் மனைவியும், அவன் மனக்கண்க-

ளுக்குத் தெரிந்தனர்! எதிரே நின்றவரோ, பண்ணைக் கணக்-கப்பிள்ளை! அரிவாள் இருக்குமிடம் சென்றான். 'அப்பா, குலையை வெட்டப் போறாரு— செவ்வாழைக்குலை' என்று ஆனந்தக் கூச்சலிட்டுக் கொண்டு, குழந்தைகள் கூத்தாடின. செங்கோடனின் கண்களிலே நீர்த்துளிகள் கிளம்பின! குலையை வெட்டினான்—உள்ளே கொண்டு வந்தான்-அரிவாளைக் கீழே போட்டான்—'குலையைக் கீழே வை அப்பா, தொட்டுப் பார்க்கலாம்' என்று குதித்தன குழந்-தைகள். கரியனின் முதுகைத் தடவினான் செங்கோடன். "கண்ணு! இந்தக் குலை, நம்ம ஆண்டைக்கு வேணுமாம் கொண்டு போகிறேன்— அழாதீங்க— இன்னும் ஒரு மாசத்-திலே, பக்கத்துக் கண்ணு மரமாகிக் குலை தள்ளும். அது உங்களுக்குக் கட்டாயமாகக் கொடுத்து விடறேன்" என்று கூறிக்கொண்டே, வீட்டை விட்டுக் கிளம்பினான், குழந்தை-யின் அழுகுரல் மனதைப் பிளப்பதற்குள்.

செங்கோடன் குடிசை, அன்று பிணம் விழுந்த இடம் போலாயிற்று. இரவு நெடுநேரத்திற்குப் பிறகுதான் செங்கோ-டனுக்குத் துணிவு பிறந்தது வீட்டுக்கு வர! அழுது அலுத்-துத் தூங்கிவிட்ட குழந்தைகளைப் பார்த்தான். அவன் கண்-களிலே, குபுகுபுவெனக் கண்ணீர் கிளம்பிற்று. துடைத்துக் கொண்டு, படுத்துப் புரண்டான்— அவன் மனதிலே ஆயி-ரம் எண்ணங்கள். செவ்வாழையை, செல்லப்பிள்ளைபோல் வளர்த்து என்ன பலன்...!

அவருக்கு அது ஒரு பிரமாதமல்ல— ஆயிரம் குலைகளை-யும் அவர் நினைத்த மாத்திரத்தில் வாங்க முடியும்! ஆனால் செங்கோடனுக்கு...? அந்த ஒரு குலையைக் காண அவன் எவ்வளவு பாடுபட்டான்—எத்தனை இரவு அதைப் பற்றி இன்பமான கனவுகள்—எத்தனை ஆயிரம் தடவை, குழந்-தைகளுக்கு ஆசை காட்டியிருப்பான்! உழைப்பு எவ்வளவு! அக்கறை எத்துணை! எல்லாம் ஒரு நொடியில் அழிந்தன!

நாலு நாட்களுக்குப் பிறகு, வெள்ளித் தட்டிலே, ஒரு சீப்பு செவ்வாழைப் பழத்தை வைத்துக் கொண்டு, அன்ன-

நடை நடந்து அழகுமுத்துவிஜயா அம்பிகை ஆலயத்துக்குச் சென்றாள்.

நாலு நாட்கள் சமாதானம் சொல்லியும், குழந்தைகளின் குமுறல் ஓயவில்லை. கரியன் ஒரே பிடிவாதம் செய்தான், ஒரு பழம் வேண்டுமென்று. குப்பி, ஒரு காலணாவை எடுத்துக் கொடுத்தனுப்பினாள் பழம் வாங்கிக் கொள்ளச் சொல்லி. பறந்தோடினான் கரியன்.

கடையிலே செவ்வாழைச் சீப்பு, அழகாகத் தொங்கிக் கொண்டிருந்தது. கணக்கப்பிள்ளை பண்ணை வீட்டிலே இருந்து நாலு சீப்பை முதலிலேயே தீர்த்துவிட்டான்-அவன் விற்றான் கடைக்காரனுக்கு——அதன் எதிரே, ஏக்கத்துடன் நின்றான் கரியன்! "பழம், ஒரு அணாடா, பயலே——காலணாவுக்குச் செவ்வாழை கிடைக்குமா——போடா" என்று விரட்டினான், கடைக்காரன். கரியன் அறிவானா, பாபம், தன் கொல்லையிலே இருந்த செவ்வாழை, இப்போது கடையில் கொலு வீற்றிருக்கிறது என்ற விந்தையை! பாபம்! எத்தனையோ நாள் அந்தச் சிறுவன், தண்ணீர் பாய்ச்சினான், பழம் கிடைக்குமென்று! பழம் இருக்கிறது; கரியனுக்கு எட்டாத இடத்தில்! விசாரத்தோடு வீட்டிற்கு வந்தான் வறுத்த கடலையை வாங்கிக் கொரித்துக் கொண்டே. செங்கோடன் கொல்லைப்புறத்திலிருந்து வெளியே வந்தான் வாழை மரத்துண்டுடன்.

"ஏம்பா! இதுவும் பண்ணை வீட்டுக்கா?" என்று கேட்டான் கரியன்.

"இல்லேடா, கண்ணு! நம்ம பார்வதி பாட்டி செத்துப் போயிட்டா, அந்தப் பாடையிலே கட்ட" என்றான் செங்கோடன்.

அலங்காரப் பாடையிலே, செவ்வாழையின் துண்டு!
பாடையைச் சுற்றி அழுகுரல்!
கரியனும், மற்றக் குழந்தைகளும் பின்பக்கம்.
கரியன் பெருமையாகப் பாடையைக் காட்டிச் சொன்னான். "எங்க வீட்டுச் செவ்வாழையடா" என்று.

"எங்க கொல்லையிலே இருந்த செவ்வாழைக் குலை-யைப் பண்ணை வீட்டுக்குக் கொடுத்து விட்-டோம்——மரத்தை வெட்டி 'பாடை'யிலே கட்டி விட்டோம்" என்றான் கரியன்.

பாபம் சிறுவன்தானே!! அவன் என்ன கண்டான், செங்-கோடனின் செவ்வாழை, தொழிலாளர் உலகிலே சர்வ சாதாரணச் சம்பவம் என்பதை.

17. பாதி வாழைப் பழம்

- நஞ்சப்பன் ஈரோடு

APX777 எனும் கிரகத்தில் கடந்த பதினான்கு நாட்கள் தங்கியிருந்த விண்வெளி வீரர் மிஷ்ராவிற்கும், அவரது செல்லக் குரங்கு ஜானிக்கும் அதுவே கடைசி தினம். பூமிக்கு திரும்பிச் செல்வதற்கு வேண்டிய ஆயத்தங்களை சுறுசுறுப்படுன் மேற்கொண்டிருந்தார் மிஷ்ரா.

மிஷ்ரா கடந்த பதினான்கு நாட்கள் அங்கு நடத்திய ஆய்வுப் பணி வெற்றிகரமாகவே நடந்தது. பூமிக்கப்பால் பூமியைப் போலவே ஏதாவது கிரகம் இருக்குமா என்ற தேட-லுக்கு பதில் அளிக்கும் வகையில் APX777 இருந்தது. அந்தக் கிரகம் அதன் சூரியனிலிருந்து சரியான தொலை-வில் இருந்தது. பூமியைப் போலவே, வளிமண்டலம், மேகங்-கள், நீர் மற்றும் ஏராளமான ஆக்ஸிஜனைக் கொண்டிருந்-தது. மேலும் ஒரு குறிப்பிடத்தக்க விஷயம் என்னவென்றால், அந்தக் கிரகித்தில் இருந்த ஊட்டச்சத்து நிறைந்த மண். அதில் கிழங்கு, காய்கறி, பழங்கள், நெல் என்று எதை வேண்டுமானாலும் சுலபமாக வளர்க்கலாம்.

அந்தக் கிரகத்திலிருந்து கிளம்ப வேண்டிய தருணம் வந்து விட்டது. குரங்கு ஜானியை விண்கலத்தினுள் ஏற்றி விட்டு தானும் ஏறிக் கொண்டார் மிஷ்ரா. விண்கலத்தினுள் எல்லாம் சரியாக இருக்கிறதா என்று முழுமையாக சோதித்து விட்டு, விண்கலத்தின் வாயிற்கதவை மூடும் பட்டனை அழுத்தினார். வாயிற்கதவு முழுவதும் மூடுவதற்குள் ஜானி

விளையாட்டுத்தனமாக செய்த ஒரு காரியத்தை மிஷ்ரா கவனிக்கவில்லை.

தான் பாதி சாப்பிட்டு மீதி வைத்திருந்த வாழைப் பழத்தை வீசி எறிந்தது ஜானி. இரண்டு பல்டி அடித்து அது விழுந்தது APX777ன் மண்ணில்.

18. வாழையும் கன்றும்

- நாரா. நாச்சியப்பன்

மணிவாசகம் என்று ஒரு செல்வன் இருந்தான். அவன் தன்னை நாடி வந்த ஏழை எளியவர்களுக்கு இல்லை என்னாது, கொடையீந்தான். பாரி முன்னனே மணிவாசகமாகத் திரும்பிப் பிறந்து விட்டான் என்று மக்கள் பேசிக்கொள்வார்கள். மணிவாசகம் கொடுத்துக் கொடுத்து ஏழையானான். ஏழையான பின் பல துன்பங்களுக்காளாகிக் கடைசி யில் பட்டினியாகவே கிடந்து இறந்து போனான். அவனுக்கு ஒரு மகன் இருந்தான். மகன் பெயர் அருளரசன்.

சிறுவயதிலேயே தந்தையை இழந்த அருளரசன் இளமைப் பருவத்தில் வறுமையினால் பெருந் துன்பத்திற்கு ஆளானான். ஏழை எளியவர் களுக்குத் துன்பம் ஒரு பொருட்டா என்று அவன் துன்பங்களையெல்லாம் தாங்கிக் கொண்டான். நாள்தோறும் உழைத்துப் பெறும் ஊதியத்தைத் தவிர அவனுக்கு வேறு வருமானம் இல்லை. அடி முதல் இல்லாததால் அவனால் வாணிகம் செய்து தன் தந்தையைப் போல் செல்வம் சேர்க்கவும் முடிய வில்லை. இருந்தாலும் தன்னை அண்டியவர் களுக்குத் தன்னால் ஆன மட்டும் உழைத்தும் பொருள் கொடுத்தும் உதவி வந்தான்.

தமிழ் நாட்டிலே இருந்த மணிவாசகத்தின் புகழ் வடக்கே கங்கைக்கரை வரை பரவியது. ஆனால் அந்தப் புகழ் கங்கைக் கரையை அடைந்த காலத்தில் மணிவாசகம் உலக வாழ்வை நீத்து விட்டான்.

காசியில் இருந்த ஒரு வடமொழிப் புலவர் திருக் குறள் படிப்பதற்காகத் தமிழைக் கற்றார். தமிழில் பற்று மிகவே

அவர் அதைக் கசடறக் கற்றுப் பெரும் புலவரானார். அவர் மணிவாசகத்தின் புகழைக் கேட்டு, அவனைக் காணப் புறப்பட்டு வந்தார். ஊரில் வந்து அவர் மணிவாசகத்தைப் பற்றிக் கேட்டபோது, அவன் இறந்து விட்டதையறிந்து ஏமாற்றமும் துயரமும் அடைந்தார். மணிவாசகத் தின் மகன் அருளரசனையாவது பார்த்துப் போக லாம் என்று அவன் குடிசைக்குச் சென்றார். அருளரசன் அவரை அன்போடு வரவேற்றான். வந்த காரணத்தைக் கேட்டு அறிந்தான். தன் பிள்ளையின் கழுத்தில் கிடந்த தங்கச் சங்கிலியைக் கழற்றி அவர் கையிலே கொடுத்தான். அவர் வாங்க மறுத்தார். அவனோ கட்டாயப்படுத்தி அவரை எடுத்துச் செல்லச் சொன்னான்.

தங்கச் சங்கிலியை வாங்கிக்கொண்டு வெளி யில் வந்தார் புலவர். குடிசை முகப்பில் ஒரு பெரிய வாழை மரம் காய்ந்து கருகி நின்றது. அதன் அடியி லிருந்து கிளம்பி வளர்ந்து நின்ற சிறிய மரம் பழுத்து நின்றது."தாய்மரம் கனி கொடுத்து மாண்டாலும், கன்று கனி கொடுக்க மறுக்கவில்லை. அது போலத் தான் அருளரசனும் கொடை கொடுக்கப் பின் வாங்கவில்லை" என்று கூறிக்கொண்டே நன்றி யுணர்ச்சியுடன் காசிக்குத் திரும்பினாரி, தமிழன்ப ராகிய அந்த வடநாட்டுப் புலவர்.

கருத்துரை :- நல்ல குடிப்பிறந்தவர்களின் அருட்குணத்தை எந்தத் துன்பமும் அழித்துவிட முடியாது.

0

வாழைப் பழங்கள் காய்க்கும் வாழை மரங்கள் உண்மையில் மரங்கள் இல்லை. அதாவது வாழை மரம் என்று நாம் கூறுவது தவறு. அது ஒரு தாவரம். ஏன் எனில் மரங்களில் உள்ளது போல் கடினமான தண்டுப் பகுதியோ, கிளைகளோ இருப்பதில்லை.

இது தவாரங்களைப் போல பூத்துக் காய்த்தபின் இறந்துவி-டுகின்றன.
எனவே உலகிலேயே பெரிய தாவரம் வாழை மரம் என்று கூறப்படுகிறது.

வெப்பம் மிகுந்த, ஈரமான காலநிலைகளில் வாழை மரங்-கள் நன்றாக வளர்கின்றன. இதற்கான நிலப்பகுதியில் நல்ல நீர்ப்பாசன வசதி இருக்க வேண்டும். வாழை ஆசியாவில் தோன்றியது என்றாலும், அது மற்ற வெப்ப மண்டலக் கண்-டங்களான ஆப்ரிக்கா, தென் அமெரிக்கா போன்றவற்றுக்குப் பரவியது.

வாழைப்பழம்விளைவிப்பதில் உலகிலேயே உச்சத்தில் நிற்பது நமது இந்தியாதான். இந்தியாவில் ஒவ்வொரு ஆண்டும் 170 லட்சம் டன் வாழைப் பழம் உற்பத்தி செய்யப்படுகிறது.

வாழையின்மற்றொரு சிறப்பு என்னவென்றால், வாழை மரத்-தின் அனைத்து பாகங்களும்மக்களுக்கு பயன்படுகிறது. பூ, இலை, காய், கனி, தண்டு, நார்ப் பகுதி எனறஎதுவும் வீணாகாது.

மேலும், வாழைப்பழக் கழிவுகள் காகிதமாக மாற்றப்படு-கின்றன. வாழை வாழை இழைகளைக் கொண்டு பட்டுப் போன்ற மென்மையான துணிகள் நெய்யப்படுகின்றன. ஜப்-பானில் பாரம்பரிய கிமானோ ஆடைகளை உருவாக்கவும், நேபாளத்தில் கம்பளம் தயாரிக்கவும் வாழை இழைகள் பயன்படுத்தப்படுகின்றன.

வாழையின் பயன்கள்

வாழை - வாழைக்கும் தமிழர்களுக்குமான உறவு, வாழையடி வாழையாகத் தொடந்துக்கொண்டே இருக்கிறது. இலை, தண்டு, பூ, காய், பழம் என ஒவ்வொரு பாகத்திலும் மருத்துவப் பலன்களைப் பொதித்து வைத்திருக்கும் அற்பு-தமான தாவரம் வாழை. இவை ஒவ்வொன்றின் சத்துக்கள்

பற்றியும் யார் யார் சாப்பிட வேண்டும்.

வாழைப்பூ - வாழைப்பூவுக்குத் தசைகளை உறுதிப்படுத்தும் தன்மை உண்டு. இதைத் தொடர்ந்து உண்டுவந்தால் மாதவிடாய் காலத்தில் ஏற்படும் அதிக ரத்தப்போக்கைத் தடுக்கலாம். வாரம் இரு முறையாவது வாழைப்பூவை அனைவரும் கட்டாயம் சாப்பிட வேண்டும். ஆனால் செரிமானக் கோளாறு இருக்கும் போது, வாழைப்பூ உண்பதைத் தவிர்க்க வேண்டும்.

வாழைக்காய் - உடல் எடையை அதிகரிக்க நினைப்பவர்கள் வாழைக்காயை அவியல் செய்து சாப்பிடலாம். இதில், மாவுச்சத்து அதிகம் இருப்பதால், வாழைக்காய் சிறிதளவு எடுத்துக்கொண்டாலே உடலுக்குத் தேவையான சக்தி கிடைக்கும். வாழைக்காயை மசித்து சிறிதளவு உப்பு போட்டு வேகவைத்து சூப்பாகவும் அருந்தலாம். வாழைக்காய் வறுவல், வாழைக்காய் சிப்ஸ் போன்றவற்றை மிகக் குறைந்த அளவே சாப்பிட வேண்டும். இல்லையெனில் வயிறு மந்தமாகிவிடும். செரிமானக் கோளாறு உள்ளவர்கள், மூட்டு வலி இருப்பவர்கள், உடல் பருமனானவர்கள் வாழைக்காயைத் தவிர்க்க வேண்டும்.

வாழைப்பழம் - அதிக கலோரி மற்றும் பொட்டாசியம் கொண்டது. உடலில் தங்கியிருக்கும் தேவையற்ற சோடியம் உப்பை நீக்கி, உடல் சோர்ந்து போகாமல் இருக்கத் தேவையான பொட்டாசியம் உப்பை சேமித்து வைக்கிறது. உடலில் நீர்ச்சத்து குறையும்போது இயற்கையான குளுக்கோஸாக வாழைப்பழம் பயன்படுகிறது. குடலை சுத்தம் செய்வது மட்டுமின்றி மலச்சிக்கலுக்கு சிறந்த நிவாரணியாகப் பயன்படுகிறது. தினமும் காலை எழுந்தவுடன் ஒரு வாழைப்பழம், இரவு உணவுக்குப் பின் ஒரு மணி நேரம் கழித்து ஒரு வாழைப்பழம் சாப்பிட வேண்டும். சிலர் வாழைப் பழத்தை பால், தயிருடன் சேர்த்து மில்க்ஷேக் ஆக குடிக்கிறார்கள். இது தவறு. வாழைப்பழத்தை எந்தப் பொருளுடனும் கலந்து உண்ணக் கூடாது. ஆஸ்துமா மற்றும் சர்க்கரை நோயாளிகள் தவிர அனைவருமே வாழைப்பழத்தை தினமும் உண்-

ணலாம்.

வாழைத்தண்டு - உடலில் தேவையற்ற உப்பை சிறுநீர் மூலமாக வெளியேற்றுவதில் வாழைத்தண்டுக்கு நிகர் இல்லை. சிறுநீரகத்தில் கற்கள் வராமல் தடுக்கவும், அதி-கப்படியான கால்சியத்தை வெளியேற்றவும் இது உதவுகிறது. வாரத்துக்கு நான்கு முறையாவது வாழைத்தண்டைக் கட்டா-யம் சாறாகவோ, பொரியலாகவோ அல்லது அவியலாகவோ சமைத்து உணவில் சேர்த்துக் கொள்ளவேண்டும். வாழைத்-தண்டு சூப்பை கடைகளில் வாங்கிக் குடிப்பதை முடிந்த வரையில் தவிர்ப்பது நல்லது. உப்பு குறைவாக சேர்த்துக் கொண்டு மிளகு அல்லது சீரகத்தூள் சேர்த்து, வீட்டிலேயே வாழைத்தண்டு சூப் வைத்து அருந்தலாம். உடல் மெலிய விரும்புபவர்கள் நார்ச்சத்து மிக்க வாழைத் தண்டைச் சாப்பி-டலாம். உயர் ரத்த அழுத்தம் இருப்பவர்கள் உப்பு சேர்க்கா-மல் வாழைத் தண்டை உணவில் சேர்த்துக் கொள்ள வேண்-டும்.

வாழை இலை - வாழை இலை பச்சையம் நிறைந்தது. இரும்பு, மக்னீசியம் உள்ளிட்ட சத்துகள் உள்ளன. இதனால் வாழை இலையில் உணவை வைத்து உண்ணுமாறு பரிந்-துரைக்கிறது சித்த மருத்துவம். வாழை இலையில் சூடான உணவுப்பொருளை வைத்து உண்ணும் போது வாழை இலையில் இருக்கும் சத்துக்களும் நமது உடம்பில் சேர்-கின்றன. மேலும், இதில் பாலிபீனால் இருப்பதால் நமது உணவுக்கு இயற்கையாகவே கூடுதல் சுவை கிடைக்கிறது. எவர்சில்வர் தட்டுகளைத் தவிர்த்து, தினமும் வாழை இலை-யில் உண்ணுவது சிறந்தது.

வாழையிலுள்ள மருத்துவ குணங்கள் என்ன?

வாழை கல்லீரல் நோய்கள், நிமோனியா, சின்னம்மை போன்ற நோய்கள் வராமல் தடுக்கிறது. அதில் அதிகளவு கால்சியம் மற்றும் நார்ச்சத்து உள்ளது. கால்சியச் சத்து அதிகம் தேவையான வளரும் குழந்தைகள் மற்றும் பெரிய-வர்களுக்கு இது தேவைப்படுகிறது.

வாழைப் பழத்திலிருந்து உணவாக என்னென்ன பொருட்கள் தயாரிக்கலாம்?

வாழைப்பழம் வாழைப்பழ தோசை, வாழைப்பழ உருண்டை, பேன் கேக், சேமியா, குழந்தை உணவுகள், பிஸ்கட், பீர், அப்பளம், தானியக் கலவை, ரொட்டி, பிரட் போன்றவை தயாரிக்கப் பயன்படுகிறது. இப்பழத்திலிருந்து நொதிக்கவைத்த பானங்களான பீர் தயாரிக்கப் பயன்படுகிறது. மேலும் திருவிழா சமயங்களில் நறுமண பானம் செய்யப்படுகின்றது. இதன் கழிவுகள் கறவை மற்றும் பிற கால்நடைகளுக்கும் தீவனமாக உபயோகிக்கப் படுகின்றது.

வாழைப்பழம் அரிசியை விட ஏழைகளுக்குச் சிறந்த உணவா?

வாழைப்பழத்தில் அரிசி மற்றும் பிற தானியங்களில் அடங்கியுள்ளதை விட அதிக ஊட்டச்சத்துக்கள் உள்ளன. குச்சிக்கிழங்கு, பாலிஸ் செய்யப்பட்ட அரிசி, மக்காச் சோளம் போன்ற பல கோடி ஏழைகளின் உணவுகளில் இல்லாத அமினோ அமிலமான மெத்தியோனைன் வாழையில் அடங்கியுள்ளது.

நேந்திரம் பழத்தை தொடர்ந்து உண்டு வந்தால் - இரத்தத்தை விருத்தி செய்ய இப்பழம் மிகவும் உதவும். உடல் மெலிந்தவர்களுக்கு நன்கு கனிந்த நேந்திரன் பழத்தை வாங்கவும். அதைச் சிறுசிறு துண்டுகளாக்கிக் கொள்ளவும். துண்டுகளாக்கிய பழத்தை இட்லி தட்டில் வைத்து வேக வைக்கவும். பின்பு இதனுடன் நெய்யை கலந்து 48 நாட்களுக்கு காலை உணவாக சாப்பிட்டு வர, மெலிந்தவர்கள் திடகாத்திரத்துடன் உடல் எடை கூடுவார்கள். நேந்திரன் மூளையின் செல்களுக்கு வலுவூட்டி நினைவுகள் சிதறாமல் பாதுகாப்பதாக ஆராய்ந்து தெரிந்துள்ளார்கள். சிப்ஸ், ஜாம், வற்றல் சுவையாக இருக்கும் என்று அளவுக்கு அதிகமாக உண்டால் மந்தம் ஏற்படும். இதனை பழமாக சாப்பிட்டால் தான் முழு பலனையும் பெற முடியும். எனவே பழமாக சாப்பிடுங்கள். உடல் ஆரோக்கியம் பெறுங்கள்.

பழுத்த நேந்திரம் பழத்தையும்,மிளகு தூளையும் கலந்து இரண்டு அல்லது மூன்று வேளை சாப்பிட்டு வந்தால் இரு-மல் தொல்லையிலிருந்து விடுபடலாம். நேந்திரம் பழத்தை தொடர்ந்து உண்டு வந்தால் இதய தசைகள் வலுவடையும். தினமும் நேந்திரப்பழத்தை சாப்பிட்டு வருவதனால் இதய நோயிலிருந்து விடுபடலாம். இதயம் சீராக செயல்படுவதற்கு தேவையான அனைத்து சத்துக்களும் நேந்திரம் பழத்தில் உள்ளன. நேந்திரம் பழத்தில் உடல் சூட்டினைக் குறைத்து குளிர்ச்சியை அதிகப்படுத்தும் சத்துக்கள் இருக்கின்றன. ஒல்லியானவர்கள் நேந்திரம் பழத்தை அவித்து சாப்பிடுவ-தனால் உடல் எடை நன்கு அதிகரிக்கும். நரம்புத் தளர்ச்-சியைக் குணப்படுத்தும்.நாம் நேந்திரம் பழத்தை தொடர்ந்து எடுத்துக்கொண்டால் உடலில் இரும்புச்சத்து அதிகரிக்கும். நேந்திரம் பழத்தை தினசரி உண்டு வருவதனால் சருமத்தைப் பாதுகாப்பதுடன்,சருமத்தைப் பளபளப்பாகவும் வைத்துக் கொள்ளும். நேந்திரம் பழம் நமது உடலுக்கு தேவையான பொட்டசியச் சத்தை அதிகம் கொண்டுள்ளது.

வாழையின் பயன்கள்:

நம் அனைவருக்கும் தெரிந்த ஒன்று தான் இந்த வாழை இலை. ம்முடைய பண்பாடு மற்றும் உணவு முறையில் பெரும் பங்கு வகிக்கும் இந்த வாழை இலையில் உள்ள மருத்துவ குணங்கள் பற்றி நம்மில் பலருக்கு தெரியாது. வாழை மரத்தில் உள்ள அனைத்து உறுப்புகளும் ஏதேனும் ஒரு வகையில் நமக்கு நன்மை தருகிறது. வாழை மரத்தில் உள்ள வாழை இலை,வாழைப் பழம், வாழை பூ, மற்றும் வாழை தண்டு என அதனுடைய அனைத்து உறுப்புகளும் நமக்கு மருதத்துவ குணங்களை தருகிறது.

நாம் உட்கொள்ளும் உணவை வாழை இலையில் பரிமா-றும் போது நமக்கு ஏராளமான ஊட்ட சத்துக்கள் கிடைக்-கின்றன. இதற்க்கு காரணம் நாம் சூடாக உணவுகளை பரி-மாறும் போது வாழை இலையில் உள்ள ஊட்ட சத்துக்களை உணவு பொருட்கள் உறிஞ்சுகின்றன. நாம் தினமும் ஒரு

வாழைப்பழத்தை சாப்பிடுவதால் நமக்கு கண் பிரச்சனைகள் வராமல் பார்த்து கொள்ளலாம். இதில் உள்ள ஊட்ட சத்துகள் நமக்க தேவையான வைட்டமின்களை தருகிறது. எனவே நமக்கு மாலை கண் வரும் அபாயம் தடுக்க படுகிறது. குழந்தையை அதிகாலையில் சூரிய ஒளியில் காட்டும் போது வாழை இலையில் எண்ணையை தடவி சூரிய ஒளி படும்படி வைப்பதால் குழந்தைக்கு தேவையான வைட்டமின் டி சத்துக்கள் கிடைக்கின்றன. எனவே இதனை தவறாமல் செய்வதால் குழந்தையின் சரும பிரச்சனைகள் நீங்கும். வாழை இழையில் சிறிது தேங்காய் எண்ணெய் ஊற்றி நம்முடைய சருமத்தில் அரிப்பு ஏற்படும் இடத்தில் வைக்க வேண்டும். இவ்வாறு செய்வதால் நம் தோல் தொடர்பான பிரச்சனைகள் நீங்கும். இதனை தொடர்ந்து செய்வதால் நமக்கு தோல் அரிப்பு ஏற்படுவது தடுக்க படுகிறது.

தீக்காயம் ஏற்பட்டால் வாழை இலையில் தான் படுக்கவைப்பார்கள். இதற்க்கு காரணம் வாழை இலையில் உள்ள குளிர்ச்சி சக்தி தான். வாழை இலை வெப்பத்தை வெளிப்படுத்தமல் இருக்கும். எனவே வாழை இலையில் இன்ஜி எண்ணையை ஊற்றி நம்முடைய தீக்காயம் உள்ள இடத்தில் வைத்தால் நமக்கு விரைவில் காயம் சரியாகும். நாம் தினமும் வாழை இலையில் உணவுகளை உண்பதால் நமக்கு தேவையான ஊட்ட சத்துக்கள் எளிதில் கிடைக்கின்றன.இதனால் இளம் வயத்தில் ஏற்படும் இளநரை பிரச்சனை நீங்கும். மேலும் முடி உதிர்தலும் தடுக்கப்படும்.

வாழை இலையில் அதிக அளவு ஆன்டி-ஆக்சிடென்ட்கள் உள்ளது. எனவே தினமும் வாழை இலையில் உணவு உண்பது நல்லது. வாழை இலையில் உணவுகளை கட்டி எடுத்து செல்வதால் நம்முடைய உணவு கெட்டு போகாமல் இருக்கும்.இதில் அதிக அளவு ஆன்டி-ஆக்சிடென்கள் இருப்பதால் நம் உடலுக்கு நோய் எதிர்ப்பு சக்தியும் அதிகரிக்கிறது. வாழைப்பழம் விளைவிப்பதில் உலகிலேயே உச்சத்தில் நிற்பது நமது இந்தியாதான். கல்லீரல் நோய்கள், நிமோனியா, சின்னம்மை போன்ற நோய்கள் வராமல் தடுக்-

கிறது. அதில் அதிகளவு கால்சியம் மற்றும் நார்ச்சத்து உள்ளது. கால்சியச் சத்து அதிகம் வாழைத் தண்டிலுள்ள நீர்ச்சத்தும் நார்ச்சத்தும் அதிகப்படியான சதையைக் குறைத்து உடல் ஒல்லியாக மாற்றும். இதிலுள்ள வைட்டமின் பி6, ஹீமோகுளோபின் மற்றும் இன்சுலின் உற்பத்திக்கு பெரிதும் உதவுகிறது. இதிலுள்ள பொட்டாசியம் இதய தசைகளை வலுவடையச் செய்கிறது. சரும பிரச்சினைகள் உள்ளவர்கள் இதை சாப்பிட்டு வர நாளடைவில் சரியாகும்.. வாழைத் தண்டு நார்சத்து மிக்கது. வாழைத் தண்டு குடலில் சிக்கிய மணல், கற்களை விடுவிக்கும் ஆற்றல் கொண்டது. சரியாக சிறுநீர் வராதவர்கள் வாழைத் தண்டை சாப்பிட்டால் சிறுநீர் தாராளமாகப் பிரியும். மலச் சிக்கலை பொக்கும். நரம்புச் சோர்வையும் நீக்கும். வாழை தண்டுச் சாற்றை இரண்டு அல்லது மூன்று அவுன்ஸ் வீதம் தினமும் குடித்து வந்தால், அடிக்கடி வரும் வரட்டு இருமல் நீங்கும்.

வாழையின் உள் தண்டை சிறுசிறு துண்டுகளாக்கி, நாரினை நீக்கி சமைத்து உண்ண, சிறுநீர் பாதைகளில் ஏற்படும் கல் அடைப்பு நீங்கும். உடல் சூடு தணியும். சீதபேதி மற்றும் தாகம் தணியும். வாழைத் தண்டு காதுநோய், கருப்பை நோய்கள், ரத்தக் கோளாறுகள் ஆகியவற்றைக் குணமாக்கும். வாழைத்தண்டை உலர்த்திப் பொடி செய்து அத்துடன் தேன் சேர்த்துச் சாப்பிட்டு வர காமாலை நோய் குணமாகும். வெட்டிய வாழைத்தண்டிலிருந்து வரும் நீரைத் தடவத் தேள், பூரான் ஆகியவற்றின் கடியினால் ஏற்படும் வலி குறையும். கோழைக் கட்டு ஆகியவை இளகும். நல்ல பாம்பு கடிக்கு வாழைத் தண்டுச் சாற்றை ஒரு டம்ளர் வீதம் உள்ளுக்குள் கொடுத்தால் விஷம் தானாக இறங்கிவிடும். வாழைத் தண்டைச் சுட்டு, அதன் சாம்பலைத் தேங்காய் எண்ணெயில் குழப்பி தடவி வர தீப்புண்கள், சீழ்வடிதல் மற்றும் காயங்கள் விரைவில் குணமாகும். வாழைத் தண்டிற்குக் குடலில் சிக்கியிருக்கும் மயிர், நஞ்சு ஆகியவற்றை வெளிப்படுத்தும் குணமுண்டு.

வாழைப்பூச்சாற்றுடன் கடுக்காயைச் சேர்த்து அருந்த மூலநோய், ஆசனக்கடுப்பு நீங்கும். கைகால் எரிச்சல், வெள்ளைபடுதல், மாதவிலக்கின் போது ஏற்படும் வலி ஆகியவை விலகும். வாழைப்பூச்சாற்றுடன் பனங்கற்கண்டு சேர்த்தும் பருகலாம். வாழைத்தண்டு சாற்றுக்கு சிறுநீரை பெருக்கும் தன்மை உண்டு. எனவே, இதை நீர்ச் சுருக்கு, எரிச்சல் போன்றவை தீர அருந்தி வரலாம். மேலும், இது தேவையற்ற உடல் பருமனையும் குறைக்கும்.

சிறுநீரக கற்கள் விரைவில் கரையவும், குறைந்தது வாரத்திற்கு ஒரு முறையாவது வாழைத்தண்டு ஜூஸ் குடிக்க வேண்டும். வாழைத்தண்டை பொரியல் செய்து சாப்பிட்டால் குடலில் சிக்கியுள்ள முடி, நஞ்சு போன்றவை வெளியேறிவிடும். நெஞ்செரிச்சல் அதிகமாய் இருந்தால் உடனடி தீர்வு காண, காலையில் வெறும் வயிற்றில் வாழைத்தண்டி ஜூஸ் குடிப்பது நல்லது. வாழைத்தண்டை சுட்டு, அதன் சாம்பலை தேங்காய் எண்ணெய்யில் கலந்து பூசிவர தீப்புண், காயங்கள் ஆறும். நீரிழிவு நோயாளிகள் இரத்தத்தில் உள்ள சர்க்கரையின் அளவை கட்டுப்பாட்டில், வைக்க தினமும் வாழைத்தண்டு ஜூஸ் குடிப்பது நல்லது. வாழைத்தண்டை உலர்த்தி பொடியாக்கி தேன் கலந்து சாப்பிட்டு வர காமாலை நோய் குணமாகும். மேலும், கல்லீரல் வலுவடையும். சிறுநீரக பாதையில் ஏதேனும் நோய்த்தொற்று ஏற்பட்டிருந்தால், அதனை குணப்படுத்த வாழைத்தண்டு உதவியாக இருக்கும். மாதவிடாய் கோளாறுகளால் ஏற்படும் அதிகப்படியான ரத்தப்போக்கு நோய்க்கும் இது சிறந்த மருந்தாக பயன்படுகிறது.

வாழைப்பூவின் மருத்துவப்பயன்கள் - இரத்தத்தின் பசைத்தன்மை குறைந்து, இரத்தம் வேகமாகச் செல்லும். வாழைப்பூவானது இரத்த நாளங்களில் ஒட்டியுள்ள கொழுப்புகளைக் கரைத்து இரத்தத்தை சுத்தமாக்கும். இரத்த அழுத்தம், இரத்த சோகை போன்ற நோய்கள் ஏற்படாமல் தடுக்கும். வாழைப்பூவை வாரம் இருமுறை சாப்பிட்டு வந்தால் இரத்தத்தில் உள்ள தேவையற்ற கொழுப்புகளைக் கரைத்து வெளியேற்றும். இதனால் இரத்தத்தின் பசைத்தன்மை

குறைந்து, இரத்தம் வேகமாகச் செல்லும். வாழைப்பூவானது இரத்த நாளங்களில் ஒட்டியுள்ள கொழுப்புகளைக் கரைத்து இரத்தத்தை சுத்தமாக்கும். இரத்த அழுத்தம், இரத்த சோகை போன்ற நோய்கள் ஏற்படாமல் தடுக்கும். இரத்தத்தில் கலந்துள்ள அதிகளவு சர்க்கரையை கரைக்க வாழைப்பூவின் துவர்ப்புத்தன்மை அதிகம் உதவுகிறது. இதனால் இரத்தத்தில் கலந்துள்ள சர்க்கரையின் அளவு குறைகிறது.

வயிற்று புண்களை குணமாக்கும் சக்தி கொண்டது வாழைப்பூ - வாழைப்பூவானது மூலநோயின் பாதிப்பினால் மலத்துடன் இரத்தம் வெளியேறுதல், உள்மூலம், வெளிமூலப் புண்கள், மூலக்கடுப்பு, இரத்த மூலம் போன்றவற்றைக் குணப்படுத்தும் தன்மை கொண்டது. சீதபேதியையும் கட்டுப்படுத்தும். வாய்ப் புண்ணைப் போக்கி வாய் நாற்றத்தையும் நீக்கும். பெண்களுக்கு உண்டாகும் கருப்பைக் கோளாறுகள், மாதவிலக்கு காலங்களில் ஏற்படும் அதிக இரத்தப்போக்கு, வெள்ளைப்படுதல் போன்ற நோய்களுக்கு வாழைப்பூவை உணவில் சேர்த்துக்கொண்டு வந்தால் நல்ல நிவாரணம் கிடைக்கும். வாழைப்பூவை வேக வைத்தோ அல்லது பொரியல் செய்தோ அடிக்கடி சாப்பிட்டு வந்தால் நீரிழிவு நோய் கட்டுப்படும். அஜீரணம் கோளாறுகள் சரியாகும். உடல் சூடு உள்ளவர்கள் வாழைப்பூவுடன் பாசிப்பருப்பு சேர்த்து கடைந்து அதனுடன் நெய் சேர்த்து வாரம் இருமுறை சாப்பிட்டு வந்தால் உடல் சூடு குறையும். நாம் உண்ணும் உணவில் உடலுக்குத் தேவையான ஊட்டச் சத்துக்கள் கிடைப்பதில்லை. இரசாயனம் கலந்த உணவையே சாப்பிட நேரிடுகிறது. மேலும், போதிய உடற்பயிற்சியின்மை, சில நேரங்களில் அதிக வேலைப்பளு, சரியான நேரத்திற்கு உணவருந்தாமை போன்றவையால் உடல் உறுப்புகள் பாதிக்கப்பட்டு செயலிழந்து சர்க்கரை நோயை உண்டாக்குகின்றன.

சர்க்கரை நோயால் பாதிக்கப் பட்டவர்கள் வாழைப்பூவை சுத்தம் செய்து சிறிது சிறிதாக நறுக்கி அதனுடன் சின்ன வெங்காயம், பூண்டு, மிளகு சேர்த்து பொரியல் செய்து சாப்பிட்டு வந்தால் கணையம் வலுப்பெற்று உடலுக்குத் தேவை-

யான இன்சுலினைச் சுரக்கச் செய்யும். இதனால் சர்க்கரை நோய் கட்டுப்படும். மலம் வெளியேறும்போது இரத்தமும் சேர்ந்து வெளியேறும். இதனை இரத்த மூலம் என்கிறோம். இந்த நோயால் பாதிக்கப்பட்டவர்கள் வாரம் இருமுறை வாழைப்பூவை உணவில் சேர்த்துவந்தால் இரத்த மூலம் வெகுவிரைவில் குணமாகும். உடல் சூடு உள்ளவர்கள் வாழைப்பூவுடன் பாசிப்பருப்பு சேர்த்து கடைந்து நெய் சேர்த்து வாரம் இருமுறை உண்டுவந்தால் உடல் சூடு குறையும்.

சிலருக்கு அஜீரணக் கோளாறு ஏற்பட்டு அதனால் வயிற்றுக்கடுப்பு உண்டாகும். இதனால் சீதக் கழிச்சல் ஏற்படும். இவர்கள் வாழைப்பூவை நீரில் கலந்து அதனுடன் சீரகம் , மிளகுத்தூள் சேர்த்து கொதிக்க வைத்து வடிகட்டி அந்த நீரை இளஞ்சூடாக அருந்தி வந்தால் வயிற்றுக்கடுப்பு நீங்கும். பெண்களுக்கு வாழைப்பூவை வரப்பிரசாதம் என்று சொல்லலாம். மாதவிலக்குக் காலங்களில் பெண்களுக்கு அதிக உதிரப்போக்கு உண்டாகும். அவர்கள் வாழைப்பூவின் உள்ளே இருக்கும் வெண்மையான பாகத்தை பாதியளவு எடுத்து நசுக்கி சாறு பிழிந்து சிறிது மிளகுத்தூள் சேர்த்து கொதிக்க வைத்து அதனுடன் பனங்கற்கண்டு கலந்து அருந்தி வந்தால் உதிரப்போக்கு கட்டுப்படும். உடல் அசதி, வயிற்று வலி, சூதக வலி குறையும்.

வெள்ளைப்படுதலால் பெண்கள் அதிக மன உளைச்சலுக்கு ஆளாக நேரிடுகின்றது. இவர்கள் வாழைப்பூவை இரசம் செய்து அருந்தி வந்தால் வெள்ளைப்படுதல் கட்டுப்படும். வாரம் இருமுறை வாழைப்பூவை உணவில் சேர்த்து உண்டுவந்தால் தாது விருத்தியடையும். குழந்தையின்மைக்கு வாழைப்பூ ஒரு வரப்பிரசாதம். வாழைப்பூவை அடிக்கடி உணவில் சேர்த்து வந்தால் மலட்டுத்தன்மை நீங்கி குழந்தை பாக்கியம் பெறுவர்.

www.ingramcontent.com/pod-product-compliance
Lightning Source LLC
Chambersburg PA
CBHW041647200526
45172CB00022BA/1286
* 9 7 8 1 6 3 8 8 6 9 3 8 2 *